과학자를 울린 과학책

과학자를 울린 과학책

10인의 과학자들이 뽑은 내 마음을 뒤흔든 과학책

2018년 3월 23일 초판 1쇄 발행

기획	과학책방 갈다
지은이	강양구 외
펴낸이	정희용
편집	박은회
펴낸곳	도서출판 바틀비
주소	07247 서울시 영등포구 버드나루로73 우성빌딩 303호
전화	02-2039-2701
팩시밀리	0505-055-2701
페이스북	www.facebook.com/withbartleby
블로그	blog.naver.com/bartleby_book
이메일	BartlebyPub@gmail.com
출판등록	제2017-000105호

ISBN 979-11-962505-3-9 03400

과학자를 울린
과학책

**10인의 과학자들이 뽑은
내 마음을 뒤흔든 과학책**

과학책방 갈다 기획

강양구, 김범준, 김상욱, 송기원, 이강환,
이은희, 이정모, 이지유, 정경숙, 황정아 지음

바틀비

연말이면 이곳저곳에서 올해의 책을 뽑는 행사가 열린다. 주로 언론사가 주최하고 책에 대해서 명망이 높은 사람들과 기자들이 책을 선정하는 식으로 진행된다. 아시아태평양이론물리센터 같은 곳에서는 과학자들이 직접 올해의 과학책을 뽑기도 한다. 책에 대해서 잘 아는 전문가들이 숙고하고 서로 의논해서 뽑는 책이니 대부분은 다른 사람들도 공감을 할 만한 수작들이 뽑힌다. 그만큼 많은 사람들이 공감할 수 있는 보편성을 가진 책들이라는 말이다. 하지만 가끔씩은 몇몇 합의되고 검증된 책들만 조명을 받는 것이 아쉽기도 했다. 여러 사람이 의논해서 합의한 책이 아니라 개개인이 선택한 올해의 책을 뽑아보면 어떨까 이런 생각이 들기도 했다. 물론 어떤 책을 평가할 때 꼭 확인해야 할 기본적인 덕목이 있을 수 있다. 있다고 생각한다. 그럼에도 불구하고 다른 사람의 추천이나 어떤 책에 대한 일반적인 평판 없이 그냥 한 개인이 선택하는 올해의 책은 어떤 가치를 지닐까 생각해봤다. 여러 사람의 평가를 거친 책은 보편성을 얻는 대신 각 개인의 편견이 담뿍 담긴 애정까지 받기는 쉽지 않다. 한 권의 책을 눈치 보지 않고 자신만의 방식대로 선택하는 행위만이 갖고 있는 미덕은 다양성의 인정과 디테일한 개별성의 존중에 있다고 하겠다. 그렇게 선택된 책들이 독자를 만났을 때는 또 어떤 일이 벌어질까. 책과 그 책을 선택한 서평자 사이, 책과 그 서평과 그 서평을 읽는 독자들 사이, 또 그렇게 만들어지는 모든 관계들 사이에서 그렇게 선택된 책은 조금은 더 내밀한 만남을 이끄는 존재가 되지는 않을까, 이런 바람으로 이 책을 세상에 내보낸다.

　과학책이나 과학에세이를 쓰는 과학 저술가 열 분에게 자신만의 올해의 과학책을 한 권씩 선택하도록 부탁을 드렸다. 흥미롭게도 열 분 모두 다른 책들을 선택했다. 여러 매체에서 선택된 책들이 빠지기도 했고 주목의 대상에서 비껴가 있던 책들이 목록에 오르기도 했다. 그렇다고 열 명의 과학 저술가들이 선택한 열 권의 과학책들이 여러 기관에서 선정한 올해의 책의 범위를 크게 벗어난 것은 아니었다. 과학책이 갖고 있는 특성 때문일 수도 있을 것 같다. 과학책을 바라볼 때는 기본적으로 어느 정도 서로 인정하는 수준을 갖춰야 한다는 암묵적인 합의가 있다고 할 것이다. 아무리 서사가 앞서는 과학책이라고 하더라도 기본적인 사실을 적시하지 않으면 그 책은 금방 배척당 할 것이다. 주관적인 주장을 펼치는 과학책이라고 하더라 도 주장보다는 객관적인 논증을 앞세워야만 최소한의 인 정을 받을 수 있다. 이런 합의를 바탕으로 과학책들을 바 라보면 1차 선택의 조건은 거의 같아질 수박에 없다. 그런 바탕 위에서 각자의 취향이나 태도가 어느 한 권의 책을 선택하는 기준이 되었을 것이다. 많은 사람의 선택을 받 아서 보편성을 확보한 책이라고 하더라도 이 책에서처럼 한 사람이 그 자신만의 관점으로 전권을 갖고 선택하게 되면 새로운 의미가 부여된다. 선택자의 사사로운 올해의 과학책이 되는 것이다. 그 사사로움을 독자들이 만났으면 한다. 그리고 그 내밀하고 사사로운 제안을 독자들 또한

대의나 보편성이 아닌 독자들 자신만의 내밀함과 사사로움을 앞세워 받아들이고 즐겼으면 좋겠다.

열 분의 과학 저술가들에게 과학책이 아닌 책 중 한 권을 뽑아달라는 부탁도 함께 했다. 과학 저술가들이 선택한 올해의 비과학책은 그들이 선택한 올해의 과학책보다 훨씬 더 흥미로운 구석이 있었다. 일단 올해의 과학책이 각자의 개성이 반영되었다고 하더라도 어느 정도 예측 가능했다면 그들이 선택한 올해의 비과학책은 그야말로 예측 불가능 그 자체였다. 과학책에 비해서 비과학책의 종류가 비교할 수 없을 만큼 많다는 것이 당연히 그 첫 번째 원인일 것이다. 그리고 앞서 이야기한 것처럼 과학책이 1차적으로 넘어야 할 기준점이 있다면 비과학책은 그런 합의된 공통의 기준이 없을 수도 있어서일 것이다. 과학이 서술하는 책의 세상보다 그 밖의 세상이 훨씬 더 넓기 때문일 것이다. 이쯤에서 이 글을 읽는 독자들이 예상하는 것처럼 단 한 권도 겹치지 않는 올해의 비과학책 리스트가 한번에 만들어졌다. 분야도 다양했다. 과학 저술가들의 주된 관심은 당연히 과학이지만 그들의 과학 외적인 관심과 태도와 취향이 어느 정도 노출된 선택이라고 할 수 있다. 나는 개인적으로 이 부분이 흥미롭다. '과학'이라는 공통의 화두를 갖고 살아가는 열 명의 동료들의 다른 삶의 단면을 볼 수 있기 때문이다. 가까운 사람에게서 예상하지 못한 면을 발견했을 때의 약간의 당혹감과 그 이후 찾아오는 흥미로움이 겹쳐서 다가왔다. 이들이 선정한 책의 목록을 보면서 기뻤고 약간은 낯선 동료들을 만난다는 것에 흥분하기도 했다. 어쩌면 세상을 살아가는 그들의 진솔한 모습이 그들이 선택한 올해의 비과학책 한 권을 통해서 노출되기 시작했는지도 모른다. 문득 그들의 인생이 궁금해졌다. 독자들도 그럴 것이라 생각한다.

올해의 책을 선정하는 작업을 오로지 한 개인에게 맡겨보는 작업은 흥미롭고 의미 있는 모험이었다. 그 모험의 결과물이 바로 이 책이다. 바라건대 독자들도 열 명의 과학 저술가들이 떠났던 내밀하고 사사로운, 하지만 이제 막 노출을 하려고 하는 탐험의 여정에 동참했으면 한다. 그들이 선택하고 읽고 써낸 각각의 책들을 독자들이 다시 읽어야 이 탐험과 모험이 끝날 것이다. 이 책을 다 읽고 덮으면서 각자 올해의 책을 선정하는 또 다른 여행을 기획하고 있는 자신을 발견할 수 있기를 미리 바란다. 내가 할 일은 여기까지다. 책 속으로 탐험하시라. 건투와 행운을 빈다.

이명현(과학책방 갈다 대표이사, 천문학자)

차례

초대하는 글 — 4

우리 시대는 숱한 죄를 지었지만

숱한 발명도 이뤄냈다.

—다이앤 애커먼

『휴먼 에이지 The Human Age』, 문학동네

인류세에 오신 것을 환영합니다!

강양구*

『휴먼 에이지』는 한 과학자의 우울한 발상에서 시작한다. 2000년 2월이 마무리될 즈음, 그 과학자는 멕시코의 한 휴양 도시에서 다른 과학자 여럿과 지구의 거대한 변화를 놓고서 토론 중이었다. 이 책의 번역자 김명남의 극적인 소개에 따르면, 그때 문득 그는 이렇게 말했다. "아뇨, 우리는 이미 인류세를 살고 있단 말입니다."

* 연세대학교 생물학과를 졸업하고 2003년부터 2017년까지 〈프레시안〉에서 과학·환경 담당 기자로 일했다. 현재 코리아메디케어 부사장 겸 콘텐츠본부장으로 재직 중이다. 황우석 박사의 〈사이언스〉 논문 조작 의혹 등을 최초 보도했고 제8회 국제앰네스티 언론상 등을 수상했다. 지은 책으로 『세 바퀴로 가는 과학 자전거 1, 2』, 『아톰의 시대에서 코난의 시대로』, 『과학수다 1, 2』(공저), 『과학은 그 책을 고전이라 한다』(공저) 등이 있다.

바로 '인류세(Anthropocene)' 즉 '휴먼 에이지'가 탄생하는 순간이었다. 그 과학자가 인류를 뜻하는 'Anthropo-'에 지질 시대의 한 단위인 세를 뜻하는 '-cene'을 붙여서 즉흥적으로 만든 인류세는 이어서 〈네이처〉나 〈사이언스〉 같은 과학 잡지에도 등장하는 개념이 되었다. 그리고 과학자들은 지금 이 시대를 인류세로 바꿔 부를지를 놓고서 의논 중이다.

인류세를 처음 제안한 이 과학자는 1995년 노벨 화학상을 받은 파울 크뤼천이다. 과학에 관심이 있는 이라면 크뤼천의 이름이 낯설지 않으리라. 그는 지구 대기권의 오존층이 인간 활동으로 파괴될 수 있음을 드러내 노벨상을 받았다. 그러니 그야말로 어쩌면 지금의 시대를 인류세로 명명할 자격이 있는 과학자였다.

이제 크뤼천이 이름을 붙인 인류세의 이모저모를 기록할 작가가 등장할 차례다. 『휴먼 에이지』의 저자 다이앤 애커먼은 『월든』(1854년)의 헨리 데이비드 소로와 『침묵의 봄』(1962년)의 레이첼 카슨의 전통을 잇는 빼어난 작가다. 애초 문학과 예술을 공부한 애커먼은 자연과 인간의 관계를 한 편의 시를 읽듯이 서정적으로 다루되, 카슨처럼 과학을 그 촉매로 사용한다.

덕분에 애커먼은 이 책에서도 자연, 인간, 과학이 빚어내는 인류세의 풍경을 한 편의 멋진 다큐멘터리로 눈앞에 펼쳐 보인다. 만약 이 책이 다큐멘터리로 만들어졌다면 칼 세이건의 〈코스모스〉 뺨치는 멋진 작품이 되었을 것이다. 그러고 보니, 천문학자 세이건은 애커먼의 문학 박사 학위 심사위원이었다.

부지런한 낙천주의자의 낯선 시각

『휴먼 에이지』는 상투적이지 않아서 낯설다. 만약 어떤 특정한 입장을 가진 이들이 이 책을 집어든다면 4분의 1 정도쯤 읽다가 당혹스러움에 낯이 붉어질 것이다.

예를 들어볼까. 인류세를 '지구 온난화'나 '여섯 번째 대멸종'처럼 인간이 지구 환경에 미친 부정적 영향의 결과로 파악하는 이들이 상당히 많다. 그런 이라면 이 책의 낙천적인 시각에 불편함을 느낄 것이다. 특히 로봇공학, 생명공학, 나노기술, 3D 프린팅 등으로 다른 미래를 빚어내는 과학기술 현장의 풍경을 경이롭게 그리는 저자에게 짜증이 날 수도 있겠다.

> '재생의학'의 원리는 마법처럼 단순하다. 심장이나 턱이 망가지면, 몸에게 새로 하나 더 길러내라고 가르치거나 몸이 받아들일 수 있는 건강한 새 기관을 프린트해서 넣어주는 것이다. (…) 인체 부위가 진화의 청사진에 따라 빚어진 게 아니라 우리가 손수 고른 설계에 따라 만들어진 사건이다.
>
> ―344, 348쪽

이뿐만이 아니다. 심지어 애커먼은 2050년이 되면 인류의 3분의 2 이상이 도시에서 살게 될 현실을 걱정하기는커녕 도시와 자연을 접목하려는 다양한 시도(박원순 서울시장이 '서울로7017'을 만들면서 영감을 받았던 뉴욕의 '하이라인' 같은 도시공원 등)를 소개하면서 이렇게 위로한다. 어쩌면 도시야말로 자연과 인간이 공생하는 새로운 실험 공간이라고.

이런 게 과연 존재할까 싶은 방안들 중에는 문명과 야생의 경계선을 흐리려는 노력도 있다. (…) 어떤 도시에서는 자연과의 공존이 오래되고 녹슨 기반시설을 구조하는 일, 버려진 구역이나 쓸모없는 땅을 되찾는 일, 금속 쓰레기가 된 철로를 동식물과 사람을 끌어들이는 서식지로 바꾸는 일을 뜻한다. (…) 도시를 재야생화하려는 시도는 갈수록 늘고 있다. —108, 111, 113쪽

어떤 이에게는 불편할지 모르는 이런 낙천적인 시각은 사실 저자의 부지런함에서 비롯된다. 크뤼천의 우울한 제안에서 시작해 인류세의 풍경을 살펴보기로 한 저자는 게으른 비관주의자가 되는 대신에 세계 곳곳을 누비며, 수많은 이들을 만났다. 그 긴 여행의 결과, 그는 절망 대신 희망을 발견하고 부지런한 낙관주의자가 되었다.

그를 낙관주의자로 돌아서게 한 실험 가운데는 에너지 전환이 있다. 화석연료(석탄화력발전소)와 핵에너지(핵발전소)에 중독되어 다른 대안은 눈에 들어오지 않는 대한민국의 보통 사람에게는 별천지 같은 이야기다. 예를 들어, 일찌감치 화석연료나 핵에너지 대신에 다른 에너지를 쓰겠다고 마음먹은 이들은 별의별 방법으로 에너지를 얻고 있다.

스웨덴 스톡홀름의 중앙역은 하루 평균 25만 명의 승객

으로 북적댄다. 놀랍게도 중앙역은 25만 명의 몸에서 나는 열(체열)을 모아서 물을 데운 다음에 약 100미터 떨어진 13층짜리 사무용 건물을 덥힌다. 하루 승하차 승객만 20만 명에 이르는 강남역 같은 곳에서 이런 실험은 불가능할까.

미국 필라델피아에서는 전철이 커브를 돌 때나 역에 들어서면서 브레이크를 밟을 때마다 마찰력을 전기로 바꿔서 대형 배터리에 저장한다. 중국에서는 고속열차가 빠른 속도로 달릴 때 부는 바람으로 철로의 바람개비를 돌려서 전기를 얻는 방법에 관심을 둔다. 이런 시도를 염두에 두면, 이제 석탄만큼 값싼 에너지원이 될 가능성이 큰 태양광 발전이 물릴 정도다.

> 기후변화가 워낙 가시적인 현상이 되고 야생생물과 신선한 물이 눈에 띄게 귀해졌기 때문에, 이제 그 증거를 부정할 만큼 어리석은 사람들은 적어졌다. (…) 지구의 자원 감소에 직면한 우리는 (…) 대대적인 지속 가능성 혁명으로 가는 문을 열고 있다. (…) 좀 더 지혜롭고 좀 더 친환경적으로 우리의 생존을 뒷받침해야 한다는 방향으로. —154~155쪽

자연과 인공, 뿌리 깊은 이분법

『휴먼 에이지』가 자연을 바라보는 시선은 자연, 인간, 과학을 바라보는 태도의 중요한 변화를 반영한다. 오랫동안 우리는 자연과 인간(문명) 혹은 자연과 인공(과학기술)을 이분법으로 나눠서 생각하는 방식에 익숙했다. 인간의 손길이 닿지 않은 야생에 대한 예찬, 그런 야생을 훼손하는 암적 존재로서의 인간에 대한 저주, 그 도구인 과학기술에 대한 반감은 그 결과다.

하지만 저자가 설득력 있게 보여주듯이 그런 이분법은 사실도 아닐뿐더러 바람직하지도 않다. 우선 인간의 손길이 닿지 않은 야생의 자연 따위는 없다. 전 세계 자연보호구역의 대부분은 그곳에 살던 원주민을 쫓아내고 인공적으로 만들어낸 곳이다. 당장 대한민국 국토의 3분의 2를 차지하는 산림 대부분이 인공 조림의 결과물이다.

우리가 자연에 대해서 가장 소중하게 여기는 한 가지 개념은, 자연이란 사람이 없는 곳이어야 한다는 생각이다. 그래서 우리는 국립공원으로 지정했으면 하는 장소에서 토착민을 쫓아냈다. 〔세계 최초의 국립공원인〕 미국의 옐로스톤과 그랜드캐니언에서 그랬고, (…) 토착민 부족들은 까마득한 과거부터 환경과 훌륭하게 공존하며 그곳에서 살아왔는데도 말이다. ─180쪽

그 역은 어떨까. 자연과 또렷하게 대비되는 곳처럼 보이는 도시는 "뜻밖에 몇몇 야생동물에게 아주 안락한 새 생태계를 창조해주었다"(162쪽). 어떤 도시는 쥐, 고양이, 새, 너구리 등 도시 동물의 자연스러운 서식지다. 도심의 인공 어항이라는 비아냥거림의 대상이 되었던 서울 청계천이 상당수 동식물의 자연스러운 서식지가 된 기막힌 현실도 그 증거다.

그 결과 지금은 인간의 노력이야말로 야생동물이 자연스럽게 살아갈 수 있는 조건이 될 때도 있다. 인간이 만든 유럽의 그린벨트 통로는 24개국을 잇고 국립공원 마흔 곳을 통과하는 총 길이 1만 2500킬로미터의 통로다. 이 인공의 길 덕분에 야생동물은 노르웨이에서 독일, 오스트리아, 루마니아, 그리스를 거쳐 터키까지 돌아다닐 수 있다.

자연은 지금도 '자연적'일까? 물론이다. 그러나 더 이상 확고부동한 타자는 아니다. (…) 자연과 사랑을 속삭이던 시절인 인류의 유년기에서 이제 어떤 목적을 품고 자연을 이끄는 동반자 단계로 접어들었다. (…) 자연은 우리와 분리되어 있지 않다. 우리가 충분히 받아들일 수 있는 이 단순한 진실을 설령 반색하진 못할지언정 최소한 존중하는 것, 우리 종의 구원은 어느 정도는 여기에 달려 있다.

—180, 181쪽

일단 이렇게 이분법을 깨고 바라보면 세상의 모든 것이 다르게 보인다. 당장 이 글을 쓰는 나는 안경 없이는 단 한순간도 생활할 수 없다. 20여 년 동안 휴대전화 같은 외부 기억 장치에 전화번호 저장을 맡긴 덕분에 암기력도 형편없이 떨어졌다. 운 좋게도 인공 뼈를 몸에 박는 일은 없었지만, 치아는 부분적으로 인공물이다. 따져보면, 이런 나는 '사이보그'다.

심지어 몸이 세포로 구성되었다는 사실조차도 재고해야 할 상황이다. 21세기 들어서 폭발적으로 쏟아지는 장내 세균 연구는 인간이 온전한 생명체로 살아가는 데 몸속

세균이 얼마나 중요한 역할을 하는지 수많은 증거를 내놓고 있다. 우리 몸은 세포, 세균, 싫든 좋든 우리 문명의 산물인 온갖 화학물질이 상호작용하는 관계의 장이다.

그렇다. 『휴먼 에이지』는 지금 우리가 사는 인류세를 '관계의 망'으로 재해석한다. 홀로 존재할 수 있는 인간이 없듯이 외따로 떨어져 있는 자연도 없다. 애초 혼자가 아니었던 인간은 싫든 좋든 이 관계의 망의 가장 중요한 행위자다. 또 그런 관계의 망을 단단히 묶어주는 것이 바로 과학기술이다. 저자가 역설하듯이 우리에게는 아직 기회가 있다. 전적으로 동의한다.

자연은 여전히 우리의 어머니다. 그러나 어머니는 이제 늙었고, 독립성을 잃었다. 반면에 우리는 좀 더 독립심을 키웠고, 그 결과 어머니와의 관계를 재정의하기 시작했다. (…) 이제 어머니가 실제로는 얼마나 연약한지를 민감하게 깨닫게 되었으므로, 어머니의 풍요뿐 아니라 한계도 보기 시작했다. 스스로 애정 넘치는 보호자 역할을 해보려고 노력하기 시작했다.

(…) 우리에게는 아직 시간과 능력이 있고, 수많은 선택지

도 있다. (…) 우리의 실수는 헤아릴 수 없이 많지만 우리의 문제 해결 능력도 헤아릴 수 없이 크다. (…) 자연은 우리를 감싸고, 우리에게 스미고, 우리 속에서 부글거리고, 우리를 아우른다. (…) 우리는 여전히, 언제까지나, 자연의 일부로 남을 것이다. —434, 436, 437쪽

인간은 섬이 아니다.

한 권의 책은 하나의 세상이다.

—개브리얼 제빈

『섬에 있는 서점 The Storied Life of A. J. Fikry』, 루페

「섬에 있는 서점」
가장 좋아하는 책은 무엇입니까?

강양구

크리스마스와 연말연시 시즌에 쏟아지는 영화나 소설에 거부감이 있다. 크리스마스 영화 〈로맨틱 홀리데이〉에 얽힌 나쁜 기억 탓이다. 자초지종을 설명하자면 길다. 2006년 말인가, 다니던 직장에서 뜬금없이 송년회를 술 대신 문화활동으로 대신하자는 아이디어가 나왔다. 그래서 평소 술만 마시던 이들이 시간이 맞는다는 이유로 이 영화를 같이 봤다.

영화 자체는 나쁘지 않았다. 어색한 분위기 속에서 다들 자기만의 '로맨틱 홀리데이'를 꿈꾸며 영화를 즐겁게 봤다. 그리고 나서, 조금 늦게 찾아 들어간 술집에서 또 엄청난 양의 술을 마셨다. 한 후배는 혀가 꼬여서 이렇게 푸

넘했다.

"이렇게 술을 마실 거면 도대체 영화는 왜 본 거예요?"

아무튼, 그렇게 송년회는 끝이 났다.

며칠 후 새해가 시작되었다. 새해 첫 회의 때 사달이 났다. 직장 선배들 사이에서 서로 목소리를 높이는 싸움이 났고, 결국 그 여파로 6개월에 걸쳐서 회사가 쪼개질 정도의 갈등이 있었다. 그 과정에서 여럿이 상처를 입었다. 몇 사람은 짐을 쌌다. 어느 날 앞에서 푸념했던 그 후배가 혼잣말처럼 이렇게 말했다.

"연말에 안 하던 짓을 해서 그런가? 〈로맨틱 홀리데이〉!"

여기서 끝이 아니다. 그러고 나서, 오래 사귀던 여자친구와 결혼을 했다. 살림을 합치고 나서 몇 달 후에 갑자기 여자친구가 영화표를 흔들면서 묻는다.

"그런데 〈로맨틱 홀리데이〉는 누구랑 봤어?"

"무슨 소리야? 회사 동료랑 송년회 때 봤지."

"어휴, 거짓말도 좀 그럴듯하게 해라. 묻지를 말아야지."

아, 정말 이 정도면 〈로맨틱 홀리데이〉의 저주다.

책의, 책에 의한, 책을 위한 소설

지인이 크리스마스 시즌 아이템 분위기가 물씬 풍기는 『섬에 있는 서점』을 추천했을 때, 마음이 내키지 않았던 데는 이런 사정이 있었다. 빨간색 표지처럼 잠시나마 달달한 느낌에 젖겠지만 그다지 남는 건 없는 독서 경험이 되리라고 지레짐작했다. 그러다 무심코 책을 펼쳐서 몇 쪽을 읽었다. 거짓말 하나도 안 보태고 그 순간 이 책의 매력에 푹 빠졌다.

이 책은 소설이다. 시작은 이렇다. 미국 동부에 여름이면 휴양지 역할을 하는 섬이 있다. 제목처럼 그 섬에는 작은 서점이 딱 하나 있다. 서점 주인의 이름은 'A. J. 피크리.' 여기까지만 들으면 〈해리가 샐리를 만났을 때〉(1989년)나 〈유브 갓 메일〉(1998년) 같은 로맨틱 코미디가 연상된다. 하지만 피크리는 그런 로맨틱 코미디의 주인공이 아니다.

지금 피크리의 상황은 최악이다. 서점을 함께 운영하던 사랑하는 아내는 교통사고로 세상을 떴다. 그것도 저자와의 대화 행사에 참여했던 작가를 항구까지 데려다주다가!

짝을 잃은 생기 없는 중년 남성이 운영하는 칙칙한 서점이 장사가 잘될 리 없다. 엎친 데 덮친 격으로 갈수록 세상도 책과 멀어지고 있다.

이런 피크리의 마지막 희망은 에드거 앨런 포의 시집 『태멀레인』(1827년) 초판본이다. 포가 열여덟 살 때 처음으로 펴낸 이 시집은 "딱 50부밖에 안 찍은 데다 익명으로 출간했기 때문에 극히 희귀한 판본"이다. 그는 최악의 상황이 되면 얼추 40만 달러(약 4억 원) 이상 나가는 이 책을 경매에 내놓고 그 수익금으로 먹고살 계획이었다. 그런데 그 책이 사라졌다!

자, 이렇게 구석으로 몰린 피크리는 어떻게 될까? 그때 그에게 크리스마스 선물, 아니 처음에는 핼러윈 선물 같은 끔찍한 일이 닥친다. 『태멀레인』을 잃어버린 탓에 문단속의 의미가 없어진 집을 겸한 서점에 누군가 두 살배기 여자아이를 맡기고 간 것이다. 다음 날 해변에는 그 아이의 엄마로 짐작되는 여대생의 시신이 떠오른다.

피크리와 엄마 잃은 두 살배기 '마야'는 어떻게 될까? 이 소설은 새로운 가족이 탄생하는 이야기다. 피크리가 사랑에 빠지는 이야기다. 피크리가 섬의 이웃과 다시 관계를 회복하는 이야기다. 그런데 이게 다가 아니다. 상상도 못할 반전도 있다. 막장 드라마 뺨치는 치정 사건도 있다. 이 모든 사건의 시작이 되는 『태멀레인』 도난의 진실도 충격적이다.

그리고 이 모든 일의 중심에 책이 있다. 또 그 책을 매개로 사람과 사람이 만나는 서점이 있다. 그러니 책 읽고 글 써서 밥벌이하는 나는 이 책의 매력에 빠질 수밖에 없었다.

책벌레라면 지나칠 수 없다

이런 식이다. 책 좀 읽었던 이라면 『섬에 있는 서점』을 읽으면서 어쩔 수 없이 서너 쪽에 한 번씩 키득거릴 수밖에 없다. 예를 들어, 아직 자신이 세상에서 제일 불행한 남자라고 생각했을 때 피크리는 서점을 찾은 출판사의 여성 영업사원에게 자신을 이렇게 소개한다. 이 대목부터 웃음보가 터졌다. 너무 길어서 맛보기로 일부만 인용한다.

"싫어하는 걸 말하면 어떨까요? (…) 이것저것 번잡하게 사용한 서체, 없어야 할 자리에 있는 삽화 등 괜히 요란 떠는 짓에는 근본적으로 끌리지 않습니다. (…) 문학적 탐정소설이니 문학적 판타지니 하는 장르 잡탕도 싫습니다. 문학은 문학이고 장르는 장르지, 이종교배가 만족스러운 결과물을 내는 경우는 드물어요. 어린이 책, 특히 고아가 나오는 건 질색이고, 우리 서가를 청소년물로 어수선하게 채우는 건 사양하겠습니다. (…) TV 리얼리티쇼 스타의 대필 소설과 연예인 사진집, 운동선수의 회고록, 영화를 원작으로 하는 소설, 반짝 아이템, 그리고 굳이 언급하지 않아도 알겠지만 뱀파이어물이라면 구역질이 납니다. 데뷔작과 칙릿, 시집, 번역본도 거의 들여놓지 않아요. (…)"—25쪽

아직 웃음이 안 나온다면 이런 대목은 어떨까? 피크리와 유일하게 교류하는 이웃 가운데는 사고로 죽은 아내의 언니 '이즈메이'가 있다. 연극배우를 하다가 지금은 교사로 일하는 그녀를 놓고서 피크리는 이렇게 묘사한다. "이즈메이는 여배우의 정석대로 나이 들어간다. 줄리엣에서 오필리아에서 거트루드에서 헤카테로"(72쪽).

무슨 이야기인지 눈치 채지 못해도 걱정할 필요가 없다.

역자가 친절하게 각주를 달아놓았다. "모두 셰익스피어 연극에 등장하는 여성 캐릭터 이름. 줄리엣은 「로미오와 줄리엣」의 여주인공, 오필리아는 「햄릿」에서 햄릿을 연모하는 처녀, 거트루드는 햄릿의 어머니, 헤카테는 「맥베스」에 등장하는 마녀 대장"(72쪽).

이렇게 괴팍한 피크리가 마야를 만나면서 변하는 모습은 어떨까? 처음에는 그도 마야를 인터넷 검색으로 키울 수 있으리라고 생각한다. "구글 검색창에 질문을 넣었다. '25개월 아기한테 무엇을 먹이나요?' 하여 나온 대답은 대체로 부모들이 먹는 음식을 먹을 수 있어야 한다는 것이었다. 구글이 간과한 건, 대체로 피크리가 먹는 음식이 쓰레기라는 것이다"(70쪽).

결국 마야는 어쩔 수 없이 마을이 함께 키울 수밖에 없었다. 홀아비가 어린아이를 키우려면 어쩔 수 없이 이웃, 특히 여성의 도움을 받아야 한다. 서점은 마야를 보러, 또 피크리에게 이런저런 조언을 하려는 동네 아줌마들의 사교 장소로 바뀐다. 피크리는 어쩔 수 없이 자신의 취향과는 무관한 이런 책들을 들여야 했다.

4월에는 『파리의 아내』였다. 6월에는 『믿을 수 있는 아내』. 8월에는 『미국인 아내』. 9월에는 『시간 여행자의 아내』. 12월이 되니 제목에 '아내'가 들어간 괜찮은 책이 다 떨어졌다. 그들은 『벨칸토』를 읽었다. 〔어떤 책인지 궁금하면 검색해 보라! 여기에 더해서 아줌마의 조언은 계속된다.〕 "그림책 섹션을 넓힌다고 해가 되진 않을 텐데요."—92쪽

삶과 교감하는 책 읽기의 축복

이제 『섬에 있는 서점』을 읽어보고 싶은 마음이 동하시는가? 사실 이 책을 읽고서 행복한 느낌을 친구와 공유하고 싶어서 소셜 미디어에서 간단한 이벤트도 했었다. 선착순으로 신청한 다섯 친구에게 책을 한 권씩 사서 보내준 것이다. 그렇게 책을 받은 친구들은 독후감을 써서 공유하기로 약속도 했다. (그 친구들 가운데 한 명이 이 책의 저자로 참여한 황정아 박사다.)

흥미롭게도 그렇게 읽고서 다섯 친구가 쓴 독후감이 모두 제각각이다. 다들 '좋은 책'이라고 호평하면서도 정작

그 '좋은' 대목은 달랐다. 이렇게 읽는 사람에 따라서, 그러니까 나름의 색깔로 채색된 저마다의 삶과 자연스럽게 교감하는 책이야말로 좋은 책이다. 그러니 이제 내 마음을 흔든 부분을 몇 대목 소개하면서 이 글을 마무리하려 한다.

인생의 시기마다 그에 딱 맞는 이야기를 접해야 할 필요성에 대해 말해주는구나. 명심해라, 마야. 우리가 스무 살 때 감동했던 것들이 마흔 살이 되어도 똑같이 감동적인 건 아니고, 그 반대도 마찬가지야. 책에서나 인생에서나 이건 진리다. ─57쪽

내가 인생의 특정 시기에 꽂힌 어떤 대상(사람이든 취미든 직업이든)을 자신의 '운명'으로 여기지 말라고 강조하는 이유다.

마야는 아버지가 포옹을 하려는 줄 알았는데, 피크리는 대신 악수를 청했다. 마치 동료를 맞이하는 듯한, 서점을 방문한 작가를 맞이하는 듯한 태도였다. 한 문장이 마야의 머

릿속에 떠올랐다. '우리 아버지가 내 손을 잡고 악수했을 때, 나는 내가 작가가 되었음을 알았다.' —241~242쪽

아! 얼마나 멋진 문장인가. 고백하자면, 피크리가 마야를 작가로 인정한 '바닷가 나들이'를 읽고서 눈물을 쏟았다(233~239쪽). 추웠던 겨울을 보내는 따뜻한 책 한 권을 간절히 바라는 여러분에게 권한다. 그러고 보니, 아직 『섬에 있는 서점』의 저주 따위는 없었다. 그리고 앞으로도 없으리라고 확신한다. 제발!

사람들은 정치와 신, 사랑에 대해 지루한 거짓말을 늘어놓지. 어떤 사람에 관해 알아야 할 모든 것은 한 가지만 물어보면 알 수 있어. '가장 좋아하는 책은 무엇입니까?' —113쪽

내가 더 하찮게 느껴진다. 그러나 나는
갑자기 마음을 바꾸었고 우리의 우주적 중요성을
더 낙관적으로 생각하게 되었다.

—맥스 테그마크
『맥스 테그마크의 유니버스Our Mathematical Universe』, 동아시아

『맥스 테그마크의 유니버스』
나는 가치 있는 존재인가

김범준*

"반짝 반짝 작은 별, 아름답게 비치네." 누구나 아는 동요
다. 영어 가사는 우리말과 다르다. "Twinkle, twinkle, little
star / How I wonder what you are!"다(46쪽). 밤하늘에 반
짝이는 저 별이 과연 '무엇'인지 너무나 알고 싶은(How I
wonder what you are) 것은 우리 모두의 어려서부터의 꿈이다.

* 서울대학교 물리학과를 졸업하고 같은 학교 대학원에서 석사학위를 받았으며
「초전도 배열에서의 양자요동과 무질서의 효과」로 박사학위를 받았다. 스웨덴의 우
메오대학교와 아주대학교 교수를 거쳐 현재 성균관대학교 물리학과 교수로 재직 중
이다. 통계물리학 분야의 상전이, 임계현상, 비선형 동역학, 때맞음 등에 대한 연구
를 진행해오고 있으며, 최근에는 복잡계 물리학의 이론 틀 안에서 사회, 경제, 생명
현상을 설명하려는 연구를 시도하고 있다. 지은 책으로 『세상물정의 물리학』, 『과학
은 논쟁이다』(공저) 등이 있다. 『세상물정의 물리학』으로 제56회 한국출판문화상을
수상했다.

광대한 우주, 영겁의 시간 안에서 티끌 같은 공간, 찰나의 순간을 사는 우리 인간의 존재 의미를 이해하고, 눈에 보이지 않는 작은 세상에서 어떤 일이 벌어지는지 알고 싶어 물리학자를 꿈꾸는 청소년이 많다. 나도 그랬다. 이 책의 저자 맥스 테그마크도 마찬가지다. 저자는 책의 곳곳에서 물리학 공동체의 구성원이라는 뿌듯한 자부심을 숨기지 않는다(299쪽).

책의 중심 주제는 평행우주다. 그런데 평행우주 안의 우주가 여럿일 뿐 아니라, 평행우주의 층위(레벨)도 여럿이라는 것이 책의 핵심이다(210쪽 요약 참조). 1레벨은 공간상으로 너무 멀어 아직 거기서 출발한 빛이 우리에게 도달하지 못했기 때문에 존재하는 평행우주다. 하지만 영원히 관측할 수 없는 것은 아니다. 1레벨 평행우주 안의 저 먼 우주는 지금 이곳의 물리학과 정확히 같은 물리학을 따른다. 2레벨은 우주 급팽창으로 새롭게 탄생하는 공간 때문에 만들어지는 평행우주다. 아무리 오래 기다려도 결코 도달할 수 없다. 2레벨 평행우주 안의 다른 우주는, 우리 우주의 나이 138억 년과 얼마든지 다른 나이를 가질 수 있고, 그곳에서 양성자의 질량은 우리 우주와 같을 이유도 없다. 하지만 물리학의 근본 법칙은 우리 우주와 같다.

정교하게 미세 조정된 것처럼 보이는 우리가 사는 우주와 달리, 2레벨 평행우주의 다른 우주 대부분은 생명이 탄생할 수 없는 쓸쓸한 우주다. 3레벨은 1, 2레벨과는 무척 다르다. 3레벨 평행우주는 시공간이 아닌, 양자역학의 파동함수가 사는 힐베르트 공간에서의 평행우주다. 내가 지금 글을 쓰고 있는 커피숍에서 커피를 주문하는 순간, 3레벨 평행우주에서 분기한 또 다른 나는 오렌지 주스를 주문한다. 4레벨 평행우주는 순수한 수학적인 구조에 의해 나뉜다. 수학적인 구조가 우리 우주와 전혀 다른 많은 '우주들'이 산다. 수학적인 구조가 다르니 물리법칙도 완전히 다르다. 저자는 같은 물리법칙이 적용되지만 초기 조건은 제각각인 1레벨 평행우주에 대해 설명하고는, 이 평행우주에 사는 각각의 존재는 "물리 시간에는 같은 내용을 배우겠지만, 역사 시간에는 매우 다른 내용을 배울 것"이라고 재밌게 설명한다(187쪽). 2레벨 평행우주에서는 "물리학 수업에서도 다른 내용을 배울 수도 있다"(231쪽). 저자의 비유를 확장하면, 4레벨 평행우주에서는 어쩌면 수학 시간에도 다른 것을 배울지 모르겠다.

3레벨 평행우주가 존재하는지를 알 수 있는 흥미로운,

하지만 독자에게 권할 수 없는 실험도 소개한다. 바로 '양자 기관총'이다(315~321쪽). 양자 기관총은 1초에 한 번씩 방아쇠를 자동으로 당기는데, 총알은 50%의 양자역학의 마구잡이 확률로 발사된다. 자, 이 양자 기관총을 내 머리에 대고 있으면 나는 어떤 관찰을 하게 될까? 내 옆에서 구경하는 친구는 총알이 발사되는 '탕' 소리와 불발되는 '짤깍' 소리를 연이어 듣게 된다. 내가 죽은 다음에도 말이다. 짤깍 – 탕 – 짤깍 – 짤깍 – 짤깍 – 탕 – 짤깍. 3레벨 평행우주가 진짜라면, 나는 어떤 소리를 듣게 될까? 나는 1초에 한 번씩 매번 다른 평행우주로 분기한다. 한 우주에서는 여전히 살아있고, 다른 우주에서는 죽는다. 그런데 만약 총알이 발사되어 내가 죽게 되면, 그다음에는 내가 그 소리를 들을 수 없다. 즉, '짤깍'이 계속 이어지다가, '탕'을 듣는 순간 게임 끝. 만약 3레벨 평행우주가 정말로 존재한다면, 내가 죽지 않고 살아있는 평행우주는 끊임없이 이어서 존재하게 된다. 즉, 나는 계속 소리를 듣게 된다. 짤깍 – 짤깍 – 짤깍 – 짤깍 – 짤깍…… 만약 1분이 지나 내가 60번의 '짤깍' 불발음을 들었다면, 이제 난 아주 높은 확률로 확신할 수 있다. 3레벨 평행우주는 정말로 존재한다! 물론, 절대 다수의 3레벨 평행우주에서는 몇 초 뒤 내가 죽고, 이 미친 실험을 보고 있는 내 친구는 내가 미쳐서 자살했다고 하겠지만 말이다. 사실 꼭 이런 미친 실험을 할 필요도 없다. 3레벨 평행우주의 끊임없는 분기로 만들어지는 어느 우주에서는 나는 분명히 전 인류 중 가장 나이가 많은 사람이 된다. 어느 날, 내가 전 세계 최고령자로 기네스북에 오르게 되면, 그때 난, 3레벨 평행우주가 존재함을 입증한 셈이 된다.

평행우주에 대한 얘기는 아니지만, 책에는 흥미로운 확률 계산도 있어 소개한다(443쪽). 1967년에 태어난 나나 저자는 둘 모두, 대략 500억 번째쯤 태어난 인간이다. 인류의 탄생에서 멸망까지, 태어나서 죽는 모든 사람의 수를 N이라 하자. 500억을 N으로 나눈 값이 너무 작다면, 저자나 내가 무언가 특별한 점이 있다는 뜻이 된다. 그냥 마구잡이의 고른 확률로 나나 저자가 태어났다고 가정하면, 500억을 N으로 나눈 숫자가 예를 들어 0.05보다 작다면, 사람들이 마구잡이의 고른 확률로 태어난다는 귀무가설이 기각되는 셈이다. 즉, 500억을 N으로 나눈 숫자는 0.05보다는 큰 것이 자연스럽다. 이렇게 계산하면 N은 1조보다 작아야 한다는 결론이 나온다. 즉, 인류는 지금까지 나고 죽은 모든 사람의 숫자가 1조가 되는 시점에 멸망하게 된다는 흥미로운 주장이다. "세계의 인구가 100억 명과 기대수명 80세에서 안정화된다면, 우리가 아는 그 인류는 95퍼센트 확실성으로 서기 1만 년 이전에 끝날 것이다"(443쪽).

인류의 멸망과 인공지능의 특이점(singularity)에 관한 저자의 생각은 내 생각과도 비슷했다. 결국은 다가올 것이 거의 확실한 강한 인공지능의 세상에서, 인공지능은 선량할 수도, 그리고 적대적일 수도 있다. 하지만 '적대적 인공지능'이 '선량한 인공지능'으로 변하는 방향의 화살표를 상상하긴 어렵다. 한편 '선량한 인공지능'은 얼마든지 '적대적 인공지능'으로 변할 수 있다(546쪽). 물리학의 용어로 표현하면, '적대적 인공지능'은 안정적인 고정점(stable fixed point)이어서, 시간이 얼마나 걸릴지는 몰라도 변화는 결국 그쪽을 향할 것이라는 거다. 머나먼 미래의 인공지능은, 인류를 목적함수(objective function)의 구성요소로 고려할 이유가 없다. 사실 '적대적'이라는 표현도 필요 없다. 인류에게 아무 관심이 없는 인공지능이, 인류에게 선량한 관심이 있는 인공지능보다 더 성공적일 수밖에 없다. '인류의 안녕'이라는 구속조건(constraint)이 있는 최적화 문제의 답은 그 조건이 없는 경우의 답보다 당연히 열등하기 때문이다.

11장의 제목은 '시간은 환상인가?'이다. 우리는 매일매일의 경험에서 시간이 흐르는 것을 본다. 여기서 잠깐. 정말 우리는 시간이 흐르는 것을 보는 걸까? 시간을 보는 사람은 없다. 우리는 어떤 사물의 변화를 보고, 그걸 시간이 흐른 것으로 해석하는 거다. 따라서 '시간은 환상인가?'는 사실 '변화는 환상인가?'와 같은 질문이다. 시간에 대한 논의에서 저자는 '새'와 '개구리'의 관점을 소개한다. 우리는 변화를 '개구리'의 관점에서 보는 데 익숙하다. 즉, 내 앞을 스쳐 걸어가는 사람을 볼 때, 나는 매번 정지화면으로 파악해 그 사람의 위치를 알고, 잠시 후 그 사람의 위치가 변한 정지화면과 비교해 그 사람이 움직였다고 파악한다. '새'의 관점은 확연히 다르다. "만약 우리 우주의 역사가 영화라면, 수학적 구조는 하나의 프레임이 아니라 전체 DVD에 해당할 것이다"(395쪽). 새의 관점으로 보면 시간과 변화는 환상이다. "4차원 시공간에서 물체의 궤적은 마치 스파게티 국수가 복잡하게 얽힌 것과 비슷하다"(395쪽). 이쯤에서 영화로도 만들어진 테드 창의 소설 「네 인생의 이야기」가 떠오르는 것이 나만은 아니리라.

시간과 변화는 환상이고, 우주는 물리적이 아닌 수학적인 구조에 불과하다는 저자의 도발적인 주장은 또 다른 흥미로운 통찰로 우리를 이끈다. 같은 물리법칙이라도 초기조건이 달라지면 미래가 변한다는 것은 물리학의 상식이다. 하지만 저자는 "초기조건은 물리적 실체에 대해 어떤 것도 우리에게 말해주지 않는다. 다만 다중우주에서의 우리의 위치만을 알려줄 뿐"(512쪽)이라고 파악한다. 동전을 던지면 매번 앞면 뒷면이 마구잡이로 나오는 것도 놀랍게 설명한다. 바로, "무작위성이란 3레벨 평행우주에서 분기가 일어날 때, 내가 복제되는 순간의 주관적 느낌"이라는 거다. 인간의 의식에 대한 저자의 생각도 흥미롭다. "언젠가 의식도 물질의 다른 상(phase)의 하나로서 이해될 것"(424쪽)으로 파악하며 "의식이란 정보가 어떤 복잡한 방식으로 처리될 때의 느낌이며, 우리 인간이 주관적으로 인식하는 특정 종류의 의식은 당신에 대한 당신 두뇌의 모델이 세상에 대한 당신 두뇌의 모델과 상호작용할 때 발생하는 것"(416쪽)이라고 얘기한다.

과학의 역사는 바로, 인간이 겸손을 배운 역사다(523쪽, 564쪽). 우리가 딛고 사는 지구가 태양계의 일개 행성일 뿐이라는 것을 알게 해준 지동설의 발견은 우주 안에서 지구의 위치의 평범함을 알게 해줬다. 뉴턴의 고전역학은 땅 위의 물체나, 달과 행성의 움직임이나 하나도 다를 것 없는 물리법칙을 따른다는 것을 알려줬다. 천문학의 발달로 우리 인류도, 지구도, 태양도, 우리 은하도 이 광대한 우주 안에서 하나도 특별하지 않은 존재임을 이제 우리는 명확히 알게 되었다. 맥스 테그마크의 평행우주는 우리를 또 다른, 훨씬 더 큰 틀의 겸손함으로 이끈다. 겸손함의 끝판왕이다. 바로, 우리 우주도 다른 우주에 비해서 하나도 특별하지 않다는 것이다. 과학은 '특별함'을 싫어한다. 무언가가 특별하다는 것을 인정하는 순간, 그 특별함의 이유를 과학으로 설명해야 하기 때문이다. 이 책은, 인간의 특별함에 대한 믿음을 우주 전체의 규모에서조차도 해체한다는 면에서, 인간 자존심 해체의 끝판왕이다. 그 해체에 도달하는 인간 상상력의 어마어마함도 이보다 더 클 수는 없다. 끝판왕 상상력으로 자존심 해체의 끝에 맞닥뜨리는 깨달음은 흥미롭게도 인간의 소중함으로 우리를 이끈다. 아름답고 쾌적한 '우주선 지구호'(533쪽)에 함께 탑승한 우리 인류는 이 작은 우주선을 소중히 다룰 공통의 의무가 있다. 난, 이 책에 담긴 장대한 규모의 지적 질문을 할 수 있는 우리 인간 존재의 소중함이 경이롭다.

평행우주에 대한 많은 물리학자의 의견은 '이건 말도 안 되고 나는 싫어'에서 이제는 앞이 빠져서 그냥 '나는 싫어'로 바뀌었다고 저자는 말한다. 나도 그렇다. 이 책을 읽기 전에는 '말도 안 되고 싫어'였다가, 이제는 '아직 잘은 모르겠지만 그럴듯한 것 같아. 하지만, 여전히 나는 싫어'로 바뀌었다. 어쨌든 평행우주가 존재한다는 것은 그럴듯하다. 우리 인간이 우리 우주 안에서 특별하지 않듯이, 우리 우주가 특별할 이유가 어디 있겠는가. 우리 우주의 광막한 공간, 영겁의 시간 안에서 우리 인간 존재가 하나도 특별하지 않음을 깨닫게 한 과거의 물리학 발전의 마지막 단계에 드디어 우리가 서 있는 것이 아닐까. 바로, 우리가 위치하고 있는 이 어마어마한 우리 우주도 사실 하나도 특별한 것이 아니라는 깨달음 말이다. 그렇더라도 여전히 유효한 것이 있다. 특별하지 않다고 소중하지 않은 것은

아니다. 우리 모두는, 나나, 내 아이나, 독자나, 우리나라
나, 모두 다 하나도 특별하지 않지만 그래도 정말 소중하
다. '우리' 우주도 말이다.

그럼에도 불구하고 인간은 자신의 행위에

책임을 지기 때문에 존엄한 것이다.

—문유석

『미스 함무라비』, 문학동네

괴물을 없애는 방법

김범준

한 손에는 칼, 다른 손에는 저울을 들고 있는 정의의 여신 디케의 상이 법원의 상징으로 널리 쓰인다. 그리스 신화의 디케 여신은 로마에서 유스티티아(Justitia)로 불렸다. 바로, 정의를 의미하는 영어 단어 저스티스(justice)의 어원이다. 보통 정의의 여신은, 눈에 보이는 것만을 가지고 판단하지 말라는 의미로 눈가리개를 하고 있고, 또 들고 있는 것도 양날의 검이다. 잘못 휘두르면 자신도 다칠 수 있음을 경계하거나, 진실의 양면성을 의미할 수도 있다. 우리나라 대법원의 정의의 여신상은 칼이 아닌 법전을 들고 있고, 대개의 다른 정의의 여신상과 달리 눈가리개도 없다. 눈을 질끈 감고 수

량화된 저울의 기울기로만 진실을 재단하지 말 것을, 그리고 칼이 아니라 법전이 정의의 판단 근거가 되어야 함을 의미하는 적절한 변화라고 난 생각한다. 눈으로 본다고 한쪽으로 기운 저울이 반대쪽으로 기울 리는 없다. (난 물리학자다. 내 말이 맞다. 저울은 양자역학이 아닌 고전역학적인 시스템이다.) 그렇더라도, 저울 위에 무엇을 올릴지, 그리고 무엇이 올라 있는지는 두 눈 부릅뜨고 지켜는 봐야 한다는 의미라고 난 이해했다.

이 책 『미스 함무라비』도 그렇다. 저자의 판사로서의 경험이 곳곳에 녹아든 여러 에피소드를 읽다보면, 저울 위에 올라선 진실의 배후를 어떻게든 두 눈으로 살펴보려는, 엄숙한 법복 안 사람의 얼굴을 한 법관들이 보인다. 부장판사 '한세상', 3년차 판사 우배석 '임바른', 그리고 법관의 세계에 발을 막 디딘 판사 좌배석 '박차오름', 이렇게 세 명의 판사로 구성된 합의부가 다루는 사건들이 책의 줄거리다. (일반적인 사건들은 단독판사가 단독으로 재판하고, 좀 더 신중한 판단이 필요한 사건들은 합의부가 담당한다. 합의부는 3명의 판사로 구성되는데 보통 경력 15년 이상의 판사가 재판장을 맡고 그보다 경력이 짧은 판사들이 배석판사를 담당한다. 관행적으로, 재판장 왼쪽에 앉는 판사를 좌배석, 오른쪽에 앉는 판사를 우배석이라고 부른다—편집자 주) 책을 읽어본 누구에게나 당연히 가장 매력적인 등장인물은 '미스 함무라비'라고 불리는 박차오름이다. 사건 당사자들에게 쉽게 감정이입을 하는 어리숙한 초보 법관이지만 따뜻한 마음을 유지하는 멋진 사람이다. 옳지 않다는 확신이 들면 가만히 있지 못하는 용기도 함께 가지고 있는 인물이다. 문유석 작가의 다른 저작『개인주의자 선언』의 '개인'이 떠오르는, 아마도 저자 자신이 모델일 임바른 판사도 멋진 캐릭터를 보여준다. 맞아, 이런 친구 있어, 하고 주변의 누군가가 자꾸 떠오르는 다른 재판부의 인간적인 조연 '정보왕' 판사, 그리고 합의부의 재판장 '한세상' 부장판사도 의외의 면을 보여주는 멋진 인물이다. 박차오름 판사는 출근 첫날 지하철 성추행범을 니킥을 날려 붙잡아 SNS 스타가 된다. 법원 앞에서 자식이 억울하게 죽었다고 하소연하는 할머니의 얘기를 귀담아 들어주기도 한다. (이 할머니는 박차오름이 대중의 비난의 대상이 되는 다른 에피소드에서 박 판사의 지원군으로 한 번 더 등장한다.) 귀담아 얘기를 들어준 것만으로도 할머니는 마음이 풀려, 시위를 그만둔다. 가장 좋은 의사는 '말 많고 이야기 잘 들어주는 의사'라는 얘기도 떠오른다. 내 직업인 교수도 마찬가지가 아닐까. 난, 학생들의 이야기에 얼마나 귀를 열고 있을까를 생각하다 부끄러워졌다. 숙제와 시험 점수로만, 계량화된 수치로만, 학기말 성적 입력할 때 저울의 양팔에 올리는 존재로만 학생들을 보고 있는 것은 아닌지. 한 학기가 다 지나도록 학생들 이름도 제대로 다 기억 못하는 스스로를 돌이켜보게 된다.

책 모두가 좋았지만, 내게 특히 인상 깊었던 에피소드는 고깃집 불판 사건에 대한 에피소드였다(「초등학생도 아는 정의」, 「내 손톱 밑의 가시」). 고깃집 주인(피고), 불판을 손님에게 떨어뜨린 종업원, 그리고 불판에 맞아 깜짝 놀란 아이의 엄마(원고)가 등장한다. 고깃집 주인에게 정신적 고통에 대한 위자료를 원고가 청구한 사건이다. 사건 후, 화가 난 아이 엄마가 고깃집 유리창을 깬 것에 대해서는 고깃집 주인이 또 아이 엄마를 고소했다. 재판장 한세상 부장판사는 청구 액수도 크지 않으니 당사자 합의를 이끌어 서로 소송과 고소를 취하하는 방식으로 조정하자는 의견이다. 박차오름 판사는 재판장의 조언과 달리 조정 절차를 중단하고 주심으로 재판을 진행한다. 고깃집으로부터 돈을 뜯어내려는 얌체로 보였던 원고, 한마디 사과 없이 원고를 몰아세우는 것처럼 보였던 야박한 고깃집 주인, 불판을 떨어뜨리고는 아이 털끝 하나 건드리지 않았다고 우기는 종업원이 서로 싸우는 그저 그런 사건으로 보였던 사건의 진실이 당사자의 진술로 드러난다. 결국 소송은 취하된다. 겉으로 드러난 것만이 진실이 아니라는 것, 그리고 누가 옳고 누가 그른가 밝히는 것으로 저울질할 수만은 없는 세상사의 이면이 마음에 와닿았다.

자유의지가 범죄와 형벌의 본질에 대한 이론에서 가장 근본이라는 부분도 인상 깊었다. 왜 미성년자에게는 책임을 무겁게 묻지 않는지, 그리고 술에 만취해 판단능력과 의사결정능력에 문제가 있을 때는 왜 형을 감경할 수 있는지를 잘 이해할 수 있었다. (물론 자신이 술을 마시면 판단능력을 잃을 것으로 충분히 예상할 수 있는 상황에서 만취하게 되면 경감 사유가 아닐 수 있다고 한다.) 최근, 뇌과학과 인공지능 분야의 빠른 발달로 인간의 자유의지에 대한 문제가 급격히 중요해지고 있다. 고전역학적인 결정론과 인간의 자유의지의 관계에 대한 깊은 논의가 물리학 분야에서도 이뤄지고 있다. 과학적인 이해가 더 깊어질 미래에는 어쩌면 자유의지가 단지 환상에 불과한 것으로 밝혀질 가능성도 있다. 자유의지가 환상이라면, 우리는 어떻게 행위의 책임을 물을 수 있을까.

작가의 유머 코드도 압권이다. 합의부 재판장 부장판사가 우배석에게 "자네는 내 오른팔일세!", "부장님은 왼손잡이시잖아요?", "그래서 오른팔……"이라고 하는 가상의 대화를 떠올리며 킥킥했다는 저자가 떠올라 나도 덩달아 킥킥 웃었다. 책에 간간이 나오는 판사들의 일상도 재밌게 읽었다. 우리나라 법복의 변천사도 흥미롭고, 판결이 끝나면 '땅땅' 멋지게 내려치는 법봉이 이제 없다는 것도 알게 되었다. 판사들의 필수품이 고무 골무라는 얘기는 처음 들었다. 대법원에서 판사들에게 선물로 골무를 준 적도 있었다니. 판사들끼리 법원을 '회사'라 부르고, 판결문 초고를 써서 재판장에게 제출하는 것을 '납품'이라 하고, 친한 판사들끼리는 서로 '임 프로', '정 프로'라는 식으로 '프로'를 붙여 부른다는 것도 재밌다. 정성껏 작성한 판결문 초고가 새까맣게 수정되어 돌아와 맘이 상한 초보 판사의 얘기, 판결문 초고에 물음표 하나만 떡하니 쳐져 돌아오는 더 무시무시한 경우도 있다고 한 부분을 읽고는, 예전 생각이 나서 남의 일 같지 않았다. 지도교수님은 내가 처음 쓴 논문 초록의 딱 첫 한 문장만 고쳐서 돌려주시면서, 어떻게 고치라고는 아무 말씀 안 하시고, 그냥 전부 다시 쓰라고만 하셨지. 내가 쓴 부분보다 깨알같이 작은 글씨로 지도교수님이 고쳐주신 부분이 훨씬 더 많았던 대학원생 때의 '여러' 논문 생각도 났다. 참 꼼꼼하고 살뜰하게 논문을 고쳐주셨는데. 돌이켜보면 그립고 감사한 시절이다. 어떤 지식은 말로 전달하기 어려워, 옆에서 일대일 도제식으로 전할 수밖에 없는 것 같다. 판결문이나 논문이나 말이다.

전관예우에 대한 이야기도 읽어볼 가치가 있다. 많은 국민은 분명히 있다고 하는데, 당사자인 판사들은 없다고 하는 '네스 호의 괴물' 같은 전관예우에 대한 상반된 시각의 원인을 합리적으로 설명한다. 전관예우가 있다고 믿는 사람이 많을수록, 전관 변호사에게 사건이 많이 몰리고, 따라서 전관은 승소의 가능성이 높은 사건을 골라 수임할 수 있게 된다. 결과는? 당연히 전관 변호사의 승소율이 높아지게 된다. 그러고는? 이후에는 더 많은 사건이 몰려 승소가 정말 확실한 사건만 수임하니 승소율은 더 높아진다. 정확히 과학에서 이야기하는 늘어나는 되먹임(positive feedback)의 과정이다. 작가는 전관예우가 오해이며, 오해가 오해를 부추기는 늘어나는 되먹임 과정의 설명만으로 얘기를 끝내지 않는다. 결국 사태의 본질은, 법원에 대해 시민들이 가진 신뢰의 빈약함이라고 통렬히 지적한다. 더 많이 가지고 더 많이 배워 더 높은 지위에 있는 사람일수록 처벌 수위가 낮다고 믿는 사람이 많다. 사건의 진실이 아닌, 당사자의 배경이 재판에 영향을 준다고 믿는다. 이런 믿음이 널리 퍼져 있는 사회에서는, 배경이 없는 보통 사람도 어떻게든 재판에 영향을 미칠 길을 간절히 찾게 되고 그 결과가 바로 '네스 호의 괴물' 전관예우라고 작가는 진단한다. 작가는 또, 전관예우는 없다고 법조계에서 주장만 하는 것으로는 부족하다고 단언한다. 전관예우가 있을 수도 있다고 가정하고, 어떻게 하면 이를 막을 수 있는지에 대한 제도적 장치를 고민하자고 호소한다. 지금은 아닐지 모르지만, 과거에 대학 교수에 대한 비슷한 오해가 널리 있었던 기억이 난다. 어디라도 교수로 가려면 그 대학에 돈을 내야 한다는 오해다. (최소한 내가 경험한 대학 사회에서는 그런 일은 단 한번도 보고 듣지 못했다.) 우리 사회에 만연한 이런 '네스 호의 괴물(들)'을 없애려면, 오해를 받은 쪽에서 그런 괴물 없다고 목소리 높이는 것만으로는 충분하지 않다. 괴물이 살 수도 있어 보이는 음산하고 혼탁한 호수 물을 맑게 하는 것이 결국 괴물을 없애는 방법이 아닐까. 사실 호수에 대해서는 흥미로운 연구 결과가 있다 (마틴 셰퍼의 『급변의 과학』 참조). 혼탁한 호수는 햇빛이 바닥에 도달하지 않아 물속 식물이 잘 자라지 못하고, 따라서 곤충이나 물고기도 거의 없어 오염물질을 정화할 능력이 전무하다. 일단 혼탁해지면 호수는 계속 혼탁한 상태를 유지할 수밖에 없다는 뜻이다. 물을 다시 맑게 하는 것은 쉽지 않다. 하지만 일단 물이 맑아져 다양한 생물종이 공존하는 건강한 호수 생태계가 이루어지면, 스스로의 자정 능력으로 말미암아 맑은 물을 유지할 수 있다. 물을 맑고 투명하게 해 '네스 호의 괴물'을 추방하면, 앞으로 올 수도 있을 미래 괴물의 출현도 미리 막을 수 있다는 말이다. 밑바닥까지 훤히 보이는 호수에 괴물이 숨을 곳은 없다.

어려서 집이 경매에 넘어가 혹시 낙찰받는 사람이 있는지 보러 법원에 가본 적이 있다. '법원'은 부모님 사시던 안방 장롱 뒤에, 잊을 만하면 또 붙는 빨간색 압류 딱지에서 여러 번 본 단어이기도 하다. 의외로 잘 본 대입 학력고사 결과가 발표되어 지방지 신문 기자가 찾아온 날에도 딱지가 새로 붙었던 아픈 기억도 있다. 이런 어린 시절 때문인지, 아직도 내게 '법원'은 가고 싶지 않은 어떤 곳이다. 이 책을 읽고는 법원에도 사람이 살고 있음을, 엄숙한 법복 안에도 매일매일 판결을 고민하는 인간이 있다는 것을 알게 되었다. "법정에서 가장 강한 자는 어느 누구도 아니고, 바로 판사야. 바로 우리지. 그리고 가장 위험한 자도 우리고(281쪽)"라고 스스로를 경계하는, 작가와 같은 법조인이 많으면 좋겠다.

이런 소설은 처음 봤다. 현직 판사가 쓴 법정 소설이라니. 문유석은 이전의 저작 『개인주의자 선언』에서 우리 사회의 집단주의적 문화를 비판한 바도 있다. '우리가 남이가'의 맹목적 집단주의는 병폐에 가깝다. 이성적이고 합리적인 개인의 다양성이 건강한 사회를 만들기에 훨씬 더 중요하다는 메시지가 담겨 인상 깊게 읽었다. 『미스 함무라비』가 드라마로도 만들어져 방영될 것이라고 한다. 기대가 크다.

우리가 과거라고 부르는 것은

비트로 구성된다.

—제임스 글릭

『인포메이션 The Information』, 동아시아

정보란 무엇인가?

김상욱[*]

정보란 무엇인가? 진부한 제목이다. 정의란 무엇인가? 역사란 무엇인가? 국가란 무엇인가? 이런 제목의 책들이 많다는 걸 봐도 알 수 있다. 흥미롭게도 이런 책치고 '따라서 ~란 ~이다'라고 속 시원히 답을 주는 경우는 거의 없다. 아이러니지만 정확히 모르니까 '무엇인가?'라는 떡밥을 놓은 거다. 이 서평도 정보가 무엇인지 알려주지 않을 거라는 것쯤은

[*] KAIST 물리학과를 졸업하고 같은 학교 대학원에서 「상대론적 혼돈 및 고전적 혼돈계의 양자 국소화에 관한 연구」로 박사학위를 받았다. 이후 포스텍, KAIST, 독일 막스플랑크 복잡계연구소 연구원, 서울대 BK조교수를 거쳐 부산대학교 물리교육과 교수로 재직했으며 2018년부터 경희대학교 물리학과 교수로 재직 중이다. 지은 책으로는 『영화는 좋은데 과학은 싫다고?』, 『과학하고 앉아있네 3, 4』(공저), 『김상욱의 과학공부』, 『김상욱의 양자 공부』 등이 있다.

예상하실 수 있을 거다. 너무 불평하지는 마시기 바란다. 제임스 글릭의 『인포메이션』을 읽어봐도 '인포메이션'이 무엇인지 알 수 없으니까.

그렇다면 『인포메이션』은 무슨 이야기를 하고 있는 걸까? '~란 무엇인가?'류의 책들이 명확한 답을 주지 않는다고 했지만, 적어도 일관된 메시지는 전달하려고 노력한다. 그와 비교하여 『인포메이션』은 그런 일관된 메시지도 없다. 그래서 차마 '~란 무엇인가?'조차 붙이지 못한 모양이다. 그렇다면 이 서평의 제목에 달린 '~란 무엇인가?'는 무엇인가? 바로 『인포메이션』을 바탕으로 내 나름의 일관된 이야기를 해보려는 것이다. 아니, 서평이면 책 내용이나 요약, 정리할 것이지 무슨 필자의 일관된 이야기냐고 항의하실 분은 『인포메이션』 6쪽을 보시기 바란다. 필자가 쓴 '감수의 글'에 책의 내용을 요약, 정리해두었다.

글릭은 정보의 역사를 여러 측면에서 훑어본다. 평범한 구성이지만 널리 알려지지 않은 내용이 많아 흥미롭다. 문자는 정보를 표시하는 수단의 하나다. 하지만 글릭이 강조하고 있듯이 문자는 그 이상의 의미를 갖는다. 문자

문화와 구술문화의 비교는 이 책에서 가장 흥미로운 내용의 하나다. 월터 옹의 연구에 따르면 문자를 사용하는 사람들은 사고하는 틀 자체가 바뀐다고 한다. 그리스 문화에 일대 전환이 오는 것도 문자의 전면적 사용과 관련이 있다. 소크라테스, 플라톤에서 아리스토텔레스로 넘어가는 바로 그 시기다. 문자는 인간으로 하여금 추상적이고 고도의 논리적인 사고를 가능하게 해주었다.

문자 가운데 가장 중요한 것은 '숫자'다. 남아 있는 가장 오래된 문자는 메소포타미아의 설형문자다. 이들을 해독해보니 대부분 회계장부 같은 거였다고 한다. 문자는 시작부터 수학이었다. 철학자 르네 데카르트는 좌표계를 도입한 수학자다. 이제 시공간의 운동이 좌표라는 숫자들의 조합으로 표시된다. 하늘을 가로질러 움직이는 천체의 운동을 종이 위의 수식으로 낼 수 있게 된 것이다. 뉴턴이 천상과 지상을 하나로 통일하기 위해서는 도형과 수, 즉 기하학과 대수학의 결합이 먼저 필요했다. 바로 좌표계를 기반으로 한 '함수'의 발명이다. 이제 '숫자'는 우주의 운동을 기술하는 가장 중요한 정보가 되었다.

숫자를 계산하는 일은 힘들다. 4392093238472와

9544316461321을 곱해보면 무슨 말인지 바로 알게 될 것이다. 산업혁명으로 증기기관이 나왔을 때, 찰스 배비지는 기차가 굴러가듯 톱니바퀴를 써서 계산하는 기계를 만들어보려 했다. 기술적 한계로 실패했지만, 이것은 정보의 역사에서 기념비적인 도전이었다. 오늘날 우리가 사용하는 컴퓨터는 배비지가 생각한 계산기계에 다름 아니기 때문이다. 물론 톱니바퀴가 아니라 전자를 이용한다. 하지만 정보처리에 있어 하드웨어보다 더 중요한 것이 있다.

정보의 전달은 아주 오랫동안 사람이나 말이 이동하는 속도를 벗어나지 못했다. 아프리카 사람들은 북소리로 통신하는 법을 알았지만, 유럽은 18세기 말 클로드 샤프가 전신(傳信)을 만든 후에야 그 정도 속도에 도달한다. 봉화나 다름없는 샤프의 전신은 19세기 중반이 되자 전기를 이용한 전신(電信)으로 대체된다. 사실 이 이후 통신은 그 외양에 있어 비약적인 발전을 거듭하지만 이미 속도의 최대치에 도달한 거였다. 바로 빛의 속도다. 글릭은 여기서 중요한 것을 지적한다. 정보 전달의 역사에서 진짜 중요한 것은 통신기호의 발명이다.

샤프의 전신기는 막대기의 형태를 바꾸어가며 알파벳과

숫자 등을 육안(肉眼)으로 확인하여 전송했지만, 전기식 전신기는 그렇게 형태를 이용하는 것이 쉽지 않았다. 결국 전기를 통하거나 끊는 두 가지 행위로 모든 것을 나타내야 했다. 숫자로는 각각 1과 0으로 나타내는데, 바로 이진법이라 불리는 체계다. 문자문화에서 모든 정보는 문자로 표현될 수 있다. 문자는 유한한 수의 알파벳 기호로 표현된다. 중국의 한자도 그 개수는 많지만 유한하기는 마찬가지다. 알파벳 기호는 숫자에 대응시킬 수 있다. 모든 숫자는 이진법으로 표현 가능하다. 이렇게 모든 정보는 0과 1, 단지 두 개의 기호로 나타낼 수 있다.

앨런 튜링은 수학에서 수행되는 모든 작업을 0과 1의 순차적 처리로 구현할 수 있다는 것을 증명한다. 수학을 할 수 있다면 논리적으로 하는 일은 다 할 수 있다는 말이다. 이 아이디어는 전자공학과 결합하여 컴퓨터로 그 모습을 드러낸다. 컴퓨터란 0과 1의 신호를 순차적으로 처리하는 기계다. 인간 뇌의 작동 원리는 이와 다르지만, 뇌세포 뉴런은 수많은 0과 1의 신호를 받아들여 최종적으로 0 또는 1을 내놓는다. 0과 1을 비트라고 부르는데, 정보를 이해함에 있어 가장 중요한 기본 단위다. 이처럼 정보의 역사는 인간의 정보처리과정을 기계가 모사하는 단계에 이르렀다.

그렇다면 다시 질문이다. 정보란 무엇인가? 정보의 역사만으로 정보가 무엇인지 알 수 없음은 자명하다. 우리는 지금까지 인간이 만들고 유통하고 이용한 인간 중심 정보의 역사를 살펴본 것뿐이다. 정보는 인간만의 전유물이 아니다. 우주에서 정보는 어떤 의미를 가지고 있을까?

생명은 정보처리기계다. 빛을 향해 나아가는 단세포생물이나 먹이를 향해 꼬리를 회전시키는 박테리아를 보라. 생명은 (빛이나 먹이가 있다는) 정보를 이용하여 행동을 결정하는 기계다. 아니, 틀렸다. 생명은 정보 그 자체다. 정보가 가장 중요하다. 생명은 정보를 유지, 처리, 복제하는 기계다. '이기적 유전자'라는 말보다 이것을 잘 보여주는 표현은 없다. 생명의 가장 중요한 목적은 번식, 즉 정보 복제다. 유전자는 0과 1의 이진법이 아니라 A, C, G, T라는 4진법을 사용한다. 이것은 놀랍지 않다. 원래 생명은 논리적으로 완벽한 답을 찾지 않는다. 진화는 무작위로 일어나며 어떤 목표나 의도도 없다. 정보로서의 생명은 그냥 무한복제만을 간절히 바라는 바보 같은 자동기계다.

생명의 본질이 정보라면 반드시 말랑말랑한 몸뚱이를 가질 필요조차 없다. 리처드 도킨스는 인간의 문화, 예술, 유행 같은 것까지도 유기체의 속성을 갖는다고 주장한다. 일명 '밈(meme)'이다. 예를 들어, 어떤 추상적인 '개념'들이 우리 두뇌의 유한한 공간을 놓고 마치 생물처럼 서로 기억되기 위해 경쟁할 수 있다. 이들은 다른 사람의 두뇌로 전파되고 진화한다. '지대넓얕'이라는 단어가 전파되고 '알쓸신잡'으로 진화하는 모습이 생명을 닮지 않았는가. 하지만 서울대 장대익 교수에 따르면 학계에서 이른바 '밈이론' 지지자는 자신을 포함한 극소수라고 한다. 어쨌든 이런 것들도 생명이라고 한다면 유기생명체와 밈을 하나로 묶어줄 수 있는 것은 정보라는 개념뿐이다.

양자역학은 우주의 본질이 정보일지 모른다고 말해준다. 양자역학은 이상하다. 하나의 명제가 참이면서 동시에 거짓일 수 있다. 0이 참이고 1이 거짓이라면 동시에 0과 1일 수 있다. 튜링기계와 완전히 다른 개념의 컴퓨터가 가능하다는 말이다. 동시에 0과 1일 수 있는 비트를 영어로 퀀텀(양자)비트, 짧게 '큐비트(qubit)'라고 한다. 이렇게 양자역학은 정보를 새로운 단계로 업그레이드한다.

양자역학에서는 관측하는 행위가 대상에 영향을 준다. 관측하기 전에 대상은 존재조차 하지 않는다고 주장한다. 양자 스무고개 게임에서는 존재하지도 않았던 답을 질문들이 만들어간다. 질문의 순서에 따라 다른 답이 나오기도 한다. 이처럼 양자역학은 물체가 정말로 존재하는지, 이 세상이 실재하는지 의문을 던진다. 이런 모든 양자역학의 미스터리를 일거에 해소하는 방법은 세상의 본질이 단지 정보라고 하는 거다. 물체가 '실제' 동시에 여기저기 있는 것이 아니라, 물체가 동시에 여기저기 있는 '사실'이 있는 것뿐이다. "세계는 사물이 아니라 사실들의 총체다"라는 비트겐슈타인의 말이 떠오르는 것은 필자만이 아닐 것이다. 물론 '정보우주'라 불리는 이런 관점은 아직 가설에 불과하다. 아니 과학 이론인지조차 불분명하다.

물질과 생명은 우주를 구성하는 두 개의 중요한 요소다. 모든 물질은 원자로 되어 있고 원자를 기술하는 이론이 양자역학이다. 양자역학은 우주가 정보라고 이야기해준다. 생명의 핵심은 DNA이고 이것의 본질은 정보다. 자, 다시 물어보자. 정보란 무엇인가? 아직도 답할 준비가 된 거 같지 않다. 이 질문에 제대로 답하려면 우선 정보의 개

넘을 정량적으로 측정할 방법부터 고안해야 한다. 정보가 실재하는 '양'이라면 그것이 많거나 적다는 것은 어떤 의미를 가질까. 이제 정보 이론으로 가야 할 시점이다.

클로드 섀넌은 정보를 '엔트로피'라는 수학적 양으로 정의한다. 이 정의의 핵심은 정보로부터 '가치'를 배제했다는 점이다. 엔트로피는 사건이 일어날 확률에만 의존한다. 이런 식으로 정의된 정보가 우리가 생각하는 정보와 같은 것일까? 내 생각에 이것은 좋은 질문이 아니다. 어차피 우리도 정보가 무엇인지 정확히 모르고 있지 않은가? 엔트로피는 수학적으로 명확히 정의되지만 여러 가지로 해석될 수 있다. 복잡성의 척도, 무지의 척도, 무질서의 척도 등등. 엔트로피가 많은 의미를 갖는 이유는 확률이 맥락에 의존하기 때문이다.

모르는 언어로 쓰인 메뉴판에서 음식을 고르는 것은 고역이다. 메뉴가 100개 있는 것이 2개 있을 때보다 더 복잡하고, 모르는 것이 많으니 더 무지하다고 할 수 있다. 메뉴 100개의 엔트로피가 2개의 엔트로피보다 크다. 이렇게 엔트로피는 복잡성의 척도이자 무지의 척도다. 서재에 책들이 제목의 가나다순으로 가지런히 정렬되는 방법은 단 한

가지이지만, 뒤죽박죽으로 되는 경우는 수도 없이 많으며 엔트로피도 크다. 그래서 엔트로피는 무질서의 척도다.

하지만 여기에는 미묘한 부분이 있다. 가나다순 정렬이 한 가지뿐인 것은 맞지만, 왜 이것이 질서가 높다고 하는 걸까? 모르는 언어로 쓰인 책들을 생각해보자. 그 언어의 알파벳으로 정리되어 있어도 우리 눈에는 뒤죽박죽으로 보이지 않을까. 무질서나 복잡성 같은 단어는 그것이 수학적으로 엄밀하게 정의될 수 있을 때 의미가 있다. 서재의 책들을 보고 일반적으로 질서가 있는지 없는지를 말하는 것은 불가능하다는 말이다.

이제 우리는 거의 결론에 도달했다. 정보에 의미는 없다. 생명은 정보기계다. 생명의 정보는 복제되고 진화된다. 하지만 진화는 방향도 의도도 없는 무작위적인 변화다. 생명의 정보에 의미는 없다. 양자역학은 실재조차 없다고 말해준다. 미래는 확률로만 주어지고 존재와 비존재의 경계마저 흐릿하다. 우리가 사는 세상이 정보에 불과하다면 우주에도 의미는 없다. 보르헤스의 소설에 등장하는 '바벨의 도서관'은 세상의 모든 책을 소장하고 있다. 0과 1로 된 가능한 모든 문자열을 가지고 있다는 뜻이다.

하지만 이것은 한편으로는 아무것도 가지지 않은 것과 같다. 원숭이가 10분 동안 아무렇게나 키보드를 두드려 만든 책도 이 도서관 어딘가에 있을 것이기 때문이다.

정보란 무엇인가? 정보는 비트의 나열이다. 그것에 의미는 없다. 의미는 인간이 부여한 것에 불과하다. 하지만 세상 모든 것은 정보로 되어 있다. 이 글조차 정보로 되어 있다.

원래 삶은 마음처럼 되는 것이 아니겠더라고요.

다만 점점 내 마음에 들어가는 것이겠지요.

—박준

『운다고 달라지는 일은 아무것도 없겠지만』, 난다

그래도 같이 울면 덜 창피하고
조금 힘도 되고 그러니까

김상욱

2016년 가을 두 달을 일본에서 보냈다. 물리 연구를 위해 동경대를 방문한 것이지만 개인적으로는 머리를 식히러 간 것이기도 했다. 서점에서 잡히는 대로 집어든 시집 몇 권과 웨지우드의 『30년 전쟁』을 가져갔다. 갑자기 중세 종교전쟁의 세상에 흠뻑 빠지고 싶었고, 한때 우리말을 말살하려 했던 나라의 심장에서 매일 아침 한글 시를 읽고 싶었다고나 할까. (이런 비과학적인 이유라니!)

어제는 책을 읽다 끌어안고 같이 죽고 싶은 글귀를 발견했
다 대화의 수준을 떨어뜨렸던 어느 오전 같은 사랑이 마룻

바닥에 누워 있다

박준 시집 『당신의 이름을 지어다가 며칠은 먹었다』(이하 『며칠은 먹었다』)에 나오는 시의 한 구절이다. 페이스북에 바로 시 아닌(?) 시를 남겼다. "끌어안고 같이 죽고 싶은 물리법칙을 발견해야 하는데 사랑이란 원래 대화의 수준을 떨어뜨리기 마련이다 그래 정작 끌어안고 같이 죽고 싶은 것은 물리법칙이 아니라 사랑하는 사람이 아닐까." 2016년 이렇게 박준을 우연히 만났다.

박준이 2017년 산문집을 냈다. 『며칠은 먹었다』를 읽으며 그에 대해 궁금했던 것을 산문에서 찾을 수 있으리라 생각했고 실제로 그랬다. 박준은 책의 여기저기에서 자신과 아버지의 이야기를 한다. 전업시인으로 살 수 없어 여러 직업을 전전한 경험, 난지도에 쓰레기를 운반하던 아버지 이야기, 그의 애틋한 통영 사랑 등. 자신의 아픈 이야기를 시로 꼼꼼히 표현하는 것은 쉽지 않다. 이야기는 사라지고 아픔만 남아 시의 연료가 되기 때문이다. 그 이야기가 아프면 아플수록 시로는 더 멋지고 아름답게 승화될 것이다.

산문은 그 반대다. 이제 아픔은 그것을 직설적으로 드러내는 추상명사와 돌려서 표현하는 직유법의 단어들이 모여 문장이 되고 이야기가 된다. 이야기는 한 덩이 정보가 되어 아픔의 사건을 그대로 독자의 마음에 옮겨놓는다. 독자는 산문이 갖는 익숙한 코딩 규칙에 따라 문장 하나하나를 입력받고 큰 어려움 없이 해독한다. 아무래도 시와 비교하자면 감정이 들어설 자리는 줄어들 수밖에 없다. 『며칠은 먹었다』에서 느꼈던 아련함이 이 책에서는 돌멩이가 되어 아래로 툭툭 떨어진 것은 그 때문이리라.

툭툭 떨어진 돌멩이가 발 위에서 멈추었고, 통증이 발을 휘감으며 나의 지나간 아픈 시간들을 일깨웠다. 결국 과학자인 내가 시인의 산문집에 대한 서평을 쓰게 되었다. 여기 '그래서'라는 접속사가 적절한 어휘인지는 모르겠으나, 그래서 이 서평에서는 바로 내 이야기를 쓰려고 한다. 시인 박준이 산문집을 통해 원했던 것도 이런 것이 아니었을까? 그래도 같이 울면 덜 창피하고 조금 힘도 되고 그러니까.

그해, 너의 앞에 서면 말이 잘 나오지 않았다.

내 입속에 내가 넘어져 있었기 때문이었다.

어린 시절 나는 사람들 앞에서 말하는 데 장애가 있었다. 낯을 많이 가렸기 때문이다. 사실 낯을 가렸다는 말로는 충분하지 않고, 거의 대인기피증에 가까웠다는 편이 맞을 거다. 설상가상으로 몸도 허약해서 감기를 달고 살았다. 나중에 감기가 아니라 알레르기였다는 것을 알고 얼마나 원통했는지 모른다. 입에 털어넣은 그 많은 감기약이 하릴없이 내 소화관을 지나 변기로 직행했을 테니 말이다. 아무튼 나라는 인간은 일찌감치 공부나 독서를 취미로 갖기에 최적의 조건을 갖춘 셈이었다. 이따금 외롭기는 했지만 고독하지는 않았다. 외로움은 타인과의 관계에서 생기는 것이지만 고독은 자신과의 관계에서 생겨나는 것이기 때문이리라.

나의 낯가림을 치료(?)하시려는 어머니 손에 떠밀려 태권도를 배웠고, 초등학교 2학년 때는 치맛바람에 힘입어 반장도 했다. 이후 학창시절 내내 반장은 내 차지였다. 덕분에 나의 대인기피증도 조금씩 치유가 되었지만 이제는 말을 더듬기 시작했다. 하고 싶지 않은 말을 억지로 밀어내서 그런 것일까, 아니면 말이 생각을 미처 따라가지 못해서 그런 걸까. 나는 항상 긴장되어 있었고 주위의 눈치를 보았다. 좋게 말하면 섬세한 스타일이었고, 나쁘게 말하면 소심한 성격이었다. 나는 지금도 생각이 정리되기까지 말하기를 꺼린다. 생각이 정리되어 말을 할라치면 주제가 다른 것으로 바뀌는 것이 문제다. 남들은 내가 과묵한 줄 안다.

그해 밤 별빛은
우리가 있던 자리를 밝힐 수는 없었지만
서로의 눈으로 들어와 빛나기에는 충분했습니다.

우리 시절의 연애는 주로 카페나 영화관에서 이루어졌다. 아닐 수도 있다. 나만 그런 건지도 모른다. 아이디어도 없었거니와 마땅히 갈 데도 없었다. 고등학교까지 공부만 하다보니 이성에 대한 경험이나 지식이 전무(全無)했기 때문이리라. 그냥 이성을 쳐다보는 것만으로도 좋았다고 할까. 그러니 처음부터 별빛을 같이 볼 만한 여유는 없었던 것 같다. 하지만 우주는 연인들의 오랜 친구다. 결국 대학 3학년이 되자 이성과 함께 낙조(落照)를 볼 기회가 생겼다. 태양이 지는 게 아니라 지구가 자전하는 거라는 쓸데없는 소리를 하지 않을 센스도 갖추었다. 태양빛은 서로의 눈에 들어오기엔 너무 밝았지만 우리가 있는 자리를 밝히기엔 충분하고도 남았다. 배의 난간에 나란히 서 있었던 터라 서로 눈을 볼 수도 없었다.

사람과 사람의 관계가 깨어지는 것은 어느 날 갑자기 일어난 사건보다는 사소한 마음의 결이 어긋난 데에서 시작되는 경우가 더 많다.

그녀와 나도 그랬다.

사랑의 시작과 끝에는 어떤 징후들이 감지되는데 그것은 소설 속 문장처럼 "지극히 하찮은, 혹은 시시한 데서부터 시작"된다.

그렇게 우리는 헤어졌다. 오래 사귄 것도 아니었다. 당시 나의 연애는 오래 지속되지 않았다. 가을에 만나서 봄이 오기 전에 깨지는 패턴이 반복되고 있었다. 그래서인지 울고 싶었는데 눈물도 나오지 않았다. 슬프지 않아서인지 슬플 준비조차 되지 않아서인지도 기억나지 않는다. 당시 나를 심리적으로 짓누르고 있던 집안의 경제적 상황 때문에 그녀와 노닥거리는 것마저 죄스럽게 느껴지던 시절이었다.

가난 자체보다 가난에서 멀어지려는 욕망이 삶을 언제나 낯설게 한다는 것을 알기 때문이었을까.

나는 가난이 뭔지 잘 안다. 우리 집은 70년대 말 자가용을 굴릴 정도로 여유가 있었지만, 아버지의 사업이 실패하자 가세가 한순간에 기울었다. 전셋집을 2년마다 전전하다보니, 포장이사도 없던 시절이라 곧 이삿짐 싸기 전문가가 되었다. 고등학교 졸업하고 집을 나와 전원 기숙사 생활을 하는 대학에 도망치듯 들어갔다. 그런데 이 망할 놈의 대학에서는 기숙사를 매년 옮겨야 했다. 10년 동안 매년 이사했다. 박사학위 받고 결혼하고도 내 집을 갖기까지 다시 10년 넘게 이사를 다녔다. 이사를 자주해서 그런지 나는 물건에 대한 소유욕이 별로 없다.

앞서 이야기한 그녀와 헤어지던 해에 살던 집이 기억난다. 구파발 변두리 큰 마당이 있는 가정집의 반지하 셋방이었다. 이사할 때 친구들 도움을 받았는데 나중에 후회했다. 친구들에게 내 치부를 보인 것 같았기 때문이다. 지하철 종점에서 버스를 타고 내려서 또 한참을 걸어야 했다. 가로등도 없는 공장 폐허와 숲을 지나서 사람만 지나다닐 수 있는 철교를 통해 시냇물을 건넜다. 어느 날인가 대학생 아들과 술 한잔 하고 싶다는 아버지와 포장마차에 갔지만 아버지의 넋두리를 들으며 왜 온 것인지 후회했다. 나는 그렇게 아버지를 극복하고 어른이 되었던 것 같다. 내 잘못이 아닌 줄 알면서도 후회가 많던 시절, 가난에서 벗어나는 것이 이십대 나의 가장 큰 목표가 되었다. 그래서일까. 가족도 멀리하고, 잘사는 친구들도 멀리했다. 가난 자체보다 가난에서 멀어지려는 욕망이 삶을 언제나 낯설게 했던 시절이다.

어쩌면 유서는 세상에서 가장 평온한 글일지도 모른다는 생각을 했다.

젊은 날의 내 주변에는 죽음이 가까이 있었다. 가장 친하게 지냈던 물리학과 동기 녀석이 졸업한 지 몇 년도 채 지나지 않아 변사체로 발견되었다. 한밤중 저수지에 들어갔다가 발을 헛디딘 모양인데, 사람이 접근하기 힘든 장소라 왜 그곳에 들어간 것인지 경찰도 이유를 알 수 없다고 했다. 그 녀석은 학창시절 단 한 벌의 옷만 입고 다녔다. 졸업식에는 제발 새 옷을 입고 오라고 당부했건만, 평소 입던 옷과 똑같은 것을 한 벌 더 구입해서 입고 나타났다. 그래서일까. 나는 그 녀석의 기이한 죽음에 그리 놀라지 않았다. 벽제 화장터에 처음 가봤다.

어느 깊은 숲에서 잘 자란 나무 한 그루와 한 시절을 함께했던 사람들의 슬픔 속에 우리들의 끝이 놓인다는 사실은 여전히 다행스럽기만 하다.

한때 카이스트가 학생들의 연이은 자살로 매스컴에 오르내린 적이 있다. 통계를 내어보면 다른 대학과 비교해서 정말 심각한 수준일 거 같진 않았지만, 카이스트라는 학교의 특수성 때문에 언론의 주목을 받았을 거다. 당시 자살로 생을 마감한 사람들 가운데 지인이 있었다. 내가 몸담고 있던 실험실의 후배였다. 사실 물리학과 선배였지만 군대 갔다 오느라 후배가 된 거였다. 후배이면서 선배인 조금은 거북한 사이였다. 자살은 단순하지 않다. 남은 사람들은 정신적 충격에서 빨리 벗어나고자 가장 그럴듯한 한두 가지 이유를 찾아낸다. 하지만, 사람은 한두 가지 이유로 자신의 목숨을 끊지 않는다.

부산대 교수로 임용되어 기쁨에 들떠 있었을 때도, 소식을 들었다. 독일 막스플랑크 연구소에서 함께 연구하고 공동 저자로 논문도 쓴 물리학과 후배였다. 무소유의 삶을 실천하며 구도자(求道者)의 자세로 물리 연구를 하던 녀석이다. 고등학교는 1년, 대학교는 3년, 대학원은 6년 만에 각각 마치고 이십대 중반에 박사학위를 받았다. 최강 동안(童顔)이라 독일 연구소에서는 다들 고등학생인 줄 알았을 정도다. 대학원생일 때 물리학 최고의 저널에 단독으로 논문을 게재하기도 했다. 카이스트 역사상 거의 유례가 없는 일이었다. 그런데 이 녀석이 스스로 목숨을 끊었다. 나는 충격이 너무 커서 장례식에도 차마 가지 못했다. 죽음의 이유에 대해 이러저런 소문이 떠돌았지만, 사람은 한두 가지 이유로 자신의 목숨을 끊지 않는 법이다.

자폐에 가까운 내성적인 성격, 주기적으로 찾아오던 실연의 추억, 삶을 낯설게 만들었던 가난, 예기치 않은 죽음들. 달라지는 일이 없다는 것을 알면서 울고 싶었던 내 젊은 날의 이야기다.

원래 삶은 마음처럼 되는 것이 아니겠더라고요. 다만 점점 내 마음에 들어가는 것이겠지요. 나이 먹는 일 생각보다 괜찮아요.

이 거대한 이야기에서 바로 우리 종,

인류가 하는 이상한 일들을 보게 될 것이다.

—데이비드 크리스천 외

『빅 히스토리BIG HISTORY』, 사이언스북스

「빅 히스토리」

우주에서 어떻게
오늘 내가 존재할 수 있는가

송기원*

한국에서 『거대사』라고 번역된 데이비드 크리스천의 2007년 저작 『This Fleeting World』가 출판된 것은 2009년이었다. 그 당시는 '거대사'라는 단어도, 또 이제는 세계적인 명사가 된 데이비드 크리스천도 잘 알려져 있지 않았던 때였다. 호주 매쿼리대의 교수였던 데이비드 크리스천은 원래

* 연세대학교 생화학과를 졸업하고 미국 코넬대학교에서 생화학 및 분자유전학 박사학위를 받았다. 미국 밴더빌트대학교 의과대학의 박사후 연구원을 거쳐 현재 연세대학교 생명시스템대학 생화학과 교수로 재직하고 있다. 과학 연구 외에도 생명과학에 관련된 사회문제에 관심을 갖고 연세대학교에서 '과학기술과 사회' 포럼을 만들어 활동하였고, 포럼 참여 교수들 중심으로 2014년 연세대학교 언더우드 국제대학 내에 과학기술정책전공을 개설했다. 50여 편의 SCI 논문 외에 지은 책으로 『세계 자연사 박물관 여행』, 『생명』, 『생명과학, 신에게 도전하다』(공저), 『과학은 논쟁이다』(공저) 등이 있다.

러시아사를 전공한 역사학자였는데 구소련의 멸망 후 러시아 역사에 대한 관심이 사그라지면서 본인 스스로 우주와 생명 그리고 인간 역사 전체에 관심을 갖게 되었다고 한다. 그는 1989년부터 매쿼리대학에서 우주의 탄생인 빅뱅부터 현재에 이르는 내용을 가르치는 과학·사회학·역사학 등을 연계한 통섭적인 과목을 처음 개설하였고 그 내용을 요약해 책으로 정리한 것이 『거대사』였다. 요즘은 전 세계적으로 영어인 'Big History'가 거의 고유명사처럼 통용되고 우리나라에서도 '거대사' 대신 '빅 히스토리'라고 쓴다. '빅 히스토리'가 있다면 반대로 '스몰 히스토리'도 있을 터. 아마도 기존역사 시간에 우리가 배워왔던 인류의 역사를 '스몰 히스토리'로 보고 대비된 개념으로 우주의 역사 속에서 바라보는 인류의 역사를 '빅 히스토리'라고 쓴 것 같다.

천문학과 물리학 및 생물학의 발전을 통해 20세기 이후 우주와 생명이 탄생하고 발전되어온 과정에 대한 정보가 빠른 속도로 축적되고 있다. 이렇게 우주와 생명의 역사 속에서 인간의 역사와 현재를 이해하고자 하는 시도는 데이비드 크리스천이 처음은 아니다. 이미 20세기 초반 철학자이자 인류학자였던 테야르 드 샤르댕 신부의 『인간현상』에서 이러한 시도가 시작되었고, 이 전통은 문명사학자이던 토마스 베리 신부에게로 이어졌다. 토마스 베리는 현대 산업문명의 후유증으로 야기된 생태계의 파괴를 심각하게 고민하면서, 이를 극복할 수 있는 사상적 기반이 되는 새로운 우주론과 세계관을 제시하고자 하였다. 과학적 지식과 신학적 영감이 통합된, 인간과 자연의 올바른 관계를 설명하고 인도할 수 있는 새로운 우주론은 토마스 베리가 그의 제자라 할 수 있는 천문학자인 브라이언 스윔과 공동으로 저술한 1992년 저작 『우주 이야기』에 잘 표현되어 있다. 아마도 데이비드 크리스천의 공로는 이런 시대적 생각의 흐름을 읽고 이를 대중이 쉽게 이해할 수 있는 '빅 히스토리'라는 한 단어로 정리하여 전 세계적으로 유행시킨 것이 아닌가 싶다. 단어의 유행은 그 안에 숨겨진 가치관이 세계로 퍼져 나가는 동력을 제공할 수 있으므로. 전 세계적으로 빅 히스토리에 대한 관심이 높아진 직접적인 원인은 2011년 빌 게이츠가 데이비드 크리스천 교수를 TED 컨퍼런스에 초청하고 빌 & 멀린다 게이츠 재단에서 중고등학교에서의 빅 히스토리 교육을 적극 후원하기 시작한 것으로 볼 수 있다. 이런 이유로 빅 히스토리를 이야기하면서 빌 게이츠의 공로를 빼놓기는 어려울 것 같다.

이렇게 꽤 시간이 지난 이야기라고 할 수 있는 '빅 히스토리'를 2017년 출간된 책으로 소개하는 이유는, 데이비드 크리스천 교수가 소장으로 있는 매쿼리대학의 '국제 빅 히스토리 연구소'에서 2016년 발간한 DK 출판사의 백과사전인 『빅 히스토리』가 2017년 가을 우리나라에서 번역 출간되었기 때문이다. 거대사는 이미 나에게 익숙한 내용이고, 또 몇 년 전 과학사 수업을 가르칠 때 역사를 보는 새로운 방법으로 맨 먼저 거대사를 다룬 적이 있었다. 하여 빅 히스토리 백과사전이 출간되었다고 했을 때 나는 크게 기대하지 않았다. 그러나 이 책을 처음 보았을 때 우선 그 크기와 무게에 압도되었다. 또 그 안을 펼쳐보자 나의 선입견이 틀렸다는 것을 깨달았다. 물론 익숙한 내용이었으나 사진과 그림이 많고 설명도 백과사전답게 알찼다. 빅 히스토리가 무엇인지 전혀 모르는 사람부터 특정 주제에 대해 더 자세히 알고 싶은 사람까지 다양한 사람들이 볼 수 있는 책이었다. 또 어린이부터 성인까지 모든 세대가 함께 읽고 그 나름의 정보를 얻을 수 있도록 구성되어 있었다. 백과사전으로 다시 읽는 빅 히스토리가 쏠쏠히 재미있었고 또 아무 때나 시간 날 때마다 주제별로 관심 있는 부분 중심으로 이곳저곳 찾아볼 수 있어 좋았다. 내게 재미있는 이 책이 아이들에게도 재미있을지 궁금해 초등학교 6학년 조카에게 선물했다. 예상 밖으로 조카의 반응은 그야말로 대박이었다. 너무 재미있어 그 두꺼운 책을 손에서 놓지 않고 계속 읽었다고 하면서 황송하게도 나에게 좋은 책을 주셔서 고맙다고 감사 전화까지 해주었다(내 경험상 요즘 아이들은 책 선물을 그리 좋아하지 않는다. 그래서 황송했다). 조카의 소감은 다 읽은 후에 더 읽고 싶은 부분을 다시 찾아 읽어도 계속 재미있다는 것이다. 초등학교 3학년 조카는 이 책에서 그림만 주로 보았는데도 우주와 지구에 대해 많이 배운 것 같아 뿌듯하다고 했다. 내 생각에는 집에 한 권쯤 비치하고 거실 테이블 위에 올려놓아 가족 구성원 누구라도 오며 가며 펼쳐보면 좋을 책인 것 같다. 특히 아이들이 어렸을 때 이런 책을 그림 위주로 쉽게 볼 수 있으면 우주와 자연에 대해 공부하는 과학에 좀 더 관심을 가질 수 있을 것이란 생각도 들었다. 지금 학교에서 가르치는 과목으로서의 과학은 우리의 일상과 너무 멀리 떨어져 도대체 왜 배우는지 이해하기 힘든 측면이 있음을 부인하기 어렵다. 어렸을 때부터 우주와 지구, 생명, 인간의 역사가 어우러진 빅 히스토리의 내용을 접할 수 있다면 과학이 우리의 삶과 동떨어진 어려운 공부가 아니라는 것을 학생들에게 가르쳐주는 역할을 할 수 있지 않을까 기대한다.

DK 『빅 히스토리』는 138억 년 우주와 지구 및 생명과 인류의 역사를 8개의 문턱(thresholds, 임계국면)으로 정리하고 있는 것이 특징이다. 문턱이란 수많은 요소들과 조건들이 결합되면서 새로운 주체가 등장하고 패턴이 복잡해지며 네트워크가 다양해지는 역사적 전환점으로 정의될 수 있다. 이 책에서 언급한 8개의 문턱은 빅뱅, 별의 탄생, 원소의 탄생, 태양계와 지구를 포함한 행성의 형성, 생명의 출현, 인류의 진화, 농업과 문명의 발달, 근대 산업문명의 부상이었고 나름 의미가 있게 잘 정의되어 있었다. 그러나 뒤의 세 개의 문턱이 모두 인간의 이야기로 여전히 우리가 빅 히스토리 속에서도 인간에 너무 큰 방점을 찍고 있다고 생각되기도 했다. 개인적으로 나는 이 책에 내게 부족한 우주와 별의 탄생에 대한 과학적 지식이 쉽고 자세하게 설명되어 있어 좋았다. 또 생명과학을 공부하는 나에게 반가웠던 것은 매 문턱마다 맨 처음에 생명 거주 가능 조건을 언급하여 생명체 중 하나인 인류와 전체 우주 역사의 연결성을 보여주려고 노력한 점이었다.

빅 히스토리를 한 문장으로 정의하면 우주에서 어떻게 오늘 내가 여기 한 인간으로 존재할 수 있는가에 대한 이야기라고 할 수 있을 것이다. 그렇다면 근래에 왜 전 세계적으로 많은 사람들이 빅 히스토리에 관심을 갖는 것일까? 나는 정말 대중들이 빅 히스토리에 관심을 갖는 것인지, 관심이 있다면 그 이유가 내가 생각하는 이유와 같은지 궁금했다. 이 책이 출간된 후 이 책을 번역 출간한 사이언스북스 출판사와 서울시립과학관이 공동으로 주최한 빅 히스토리 8개의 문턱에 대한 강연회가 있었다. 나에게는 생명의 기원에 대해 강의해 달라는 부탁이 왔었다. 우리에게 생명의 기원에 대해 설명할 수 있는 과학적 지식이 아직 턱없이 부족하기에 처음에 나는 이 강연을 거절했었다. 그런데 왜 사람들이 빅 히스토리에 관심을 갖는지 궁금해서 마음을 바꾸어 강연에 참여했다. 저녁이었는데 학생들과 퇴근한 직장인들이 꽤 모였다. 강연을 시작할 때 몇몇 분들에게 왜 빅 히스토리에 관심을 갖고 이 강연에 왔는지 여쭈어보았다. 우주의 역사를 알면 유익할 것 같아서라고 일반적인 답변을 할 뿐 아무도 속내를 이야기하지 않았다. 우리가 이 시점에 왜 빅 히스토리에 관심을 갖는지, 아니면 왜 가져야 하는지, 결국 나는 내 이야기를 할 수밖에 없었다.

보통 역사를 배울 때 우리는 단지 인간과 인간이 만들어놓은 문명의 역사를 배웠다. 아마도 이는 고대나 중세의 신화가 지배하던 시대에서 벗어나 근대로 넘어오면서 인간 중심의 이데올로기가 역사를 한정 짓게 한 영향이라고 생각한다. 인간 중심의 근대 문명은 과학기술의 발전을 이끌면서 인간에게 많은 것을 가능하게 하였다. 반면 지구온난화, 생태계의 파괴 등 심각한 문제점과 한계를 드러내고 있다. 또 과학의 발전은 인간의 수명이 빠른 속도로 늘어나고 AI가 인간의 노동을 대신할 수 있는 가까운 미래를 우리에게 제시하고 있다. 인간의 영생과 과학적 유토피아에서 생태계 변화에 따른 멸종과 인류의 멸망까지, 양 극단의 시나리오들이 다양한 책과 미디어를 통해 쏟아져 나오고 있다. 오늘을 사는 우리는 불안하다. 어떤 가까운 미래가 우리를 기다리고 있는 것인지. 그래서 우리 대부분은 우주적 관점, 지구적 관점에서 인간의 오늘을 생각해보는 것이 필요하다고 느끼는 것 같다. 나는 이것이 빅 히스토리가 인기 있는 이유라고 생각한다. 우리가 이 산업문명으로 계속 미래로 갈 수 있을지, 지구온난화에 따른 전 지구적인 자연재해, 공기와 물의 오염과 생태계의 붕괴로부터 제대로 생명을 유지할 수 있을지. 빅 히스토리는 우리가 우주와 지구의 일부분임을 일깨우고 있다. 실제로 우리의 몸을 구성하는 원소는 매년 90% 이상 지구의 다른 생명체나 공기, 흙의 성분들로 교체되고 있다. 또 우리의 몸을 구성하고 생명 유지에 중요한 원소, 예를 들어 피를 운반하는 헤모글로빈의 철, 유전물질 DNA의 인, 세포의 물질교환에 중요한 나트륨, 칼륨 등의 원소는 모두 우리 태양계 정도 나이의 행성에서는 생성될 수 없는 물질이라고 한다. 우리는 다른 별에서 온 물질들로 이루어진 존재, 즉 '별에서 온 그대'인 것이다. 우주와 지구와 내가 모두 연결된 존재라는 것이 빅 히스토리가 제시하는 과학적 사실이다. 그래서 내가 느끼기에 빅 히스토리는 우리에게 인류를 비롯한 생명이 지구에서 지속

되기 위해 우리에게 필요한 가치관과 문명의 전환에 대해 생각하라고 과학적인 언어로 질문하고 있다.

데이비드 크리스천이 빅 히스토리에 대한 책을 쓰기 훨씬 이전, 시인 김지하는 그의 시 「새봄·8」에서 빅 히스토리에서 제시하는 우주와 지구 그리고 나의 연결성을 아주 간결하고 아름답게 표현했다. 이 시를 공유하면서 빅 히스토리에 대한 글을 마무리한다.

내 나이
몇인가 헤아려보니

지구에 생명 생긴 뒤 삼십오억살
우주가 폭발한 뒤 백오십억살
그전 그후 꿰뚫어 무궁살

아 무궁

나는 끝없이 죽으며
죽지 않는 삶

두려움 없어라

오늘

풀 한 포기 사랑하리라

나를 사랑하리

말을 안 해도 외롭고,

말을 하면 더 외로운 날들이 이어졌다.

―김애란

『바깥은 여름』, 문학동네

쓰라려 목메는 삶

송기원

"어느 세월 어느 삶에 손 넣은들 쓰라려 목메지 않겠느냐."

30년도 더 된 오래된 겨울, 삭막한 교정을 바라보며 도서관 창가에 앉아 우연히 읽었던 김용택 시인의 시 중 아직도 내 머릿속에 강하게 남아 있는 한 구절이다. 그때 겨우 20대 초반의 내가 어떻게 '쓰라려 목메는 삶'에 대해 공감했는지 지금은 잘 생각이 나지 않는다. 그러나 '쓰라려 목메는 삶'이라는 구절은 나를 포함해 그 누구에게나 살아내야 하는 시간에 대한 예감처럼 내 가슴속에 남아 있다가 가끔씩 고개를 들었다.

언제부터인가 소설을 읽지 않게 되었다. 아마도 어렴풋

이 내 시간 속에서, 가까운 타인의 시간 속에서, 쓰라려 목메는 순간들을 맨 얼굴로 대면하기 시작한 이후인 듯싶다. 살면서 갑자기 마주하게 되는 쓰라림이 버거웠는데 소설 속에서까지 마주쳐야 하는 이런 형태의 삶이 내게 위로가 되기는커녕 지겨웠다. 과학자라는 나의 직업을 아는 사람은 과학을 하면서 감수성이 메말라 그렇게 되었다고 할 수도 있겠다. 사실 과학을 공부하고 연구하면서 나는 예민한 성격의 내가 불편했다. 과학은 공부하는 대상이 인간이 아닌 자연현상이라 멀리서 보면 신선노름처럼 멋져 보일 수 있고, 인간사를 초월할 수 있을 것 같다고 상상할 수 있다. 그러나 과학이 던지는 질문은 인간사가 아니지만 그 질문의 답을 찾아가는 길은 복잡한 인간사 속이었다. 과학은 흥미 있는 질문이 풀릴 것 같은 아주 드물게 찾아오는 순간이 주는 기쁨이 컸다. 그러나 과학자로서의 생활은 쉽지 않았다. 나에게 과학자라는 삶은 늘 시간에 쫓겨 팍팍했고, 대상도 불분명한 끝도 없는 경쟁 속에 놓여 있었다. 과학은 인간이 모여 하는 작업이다. 혼자서 할 수 있는 학문이 아니라는 실험 학문의 특성상 실험실에서는 늘 다양한 인격들이 부딪치는 불협화음이 있었다. 내 실험실을 갖고 난 후부터는 타인의 인생에 끼어들기를 매우 꺼리는 내 성격에도 불구하고 매번 그 중재자가 되어야 하는 것도 낯설었다. '선생'이라는 호칭으로 그 중재자의 역할이 미화되기도 하였고, 마음을 움직이는 '학생'을 만나는 기쁨도 있었다. 그러나 수양이 부족한 내게 이 역할은 버거울 때가 많았다. 아주 뛰어난 과학자들은 감성을 통해 과학적 통찰력이 더 깊어진다고 이야기한다. 그러나 뛰어나지 않은 그냥 보통 사람으로서 과학을 공부하면서 나는 감성과 친하기 어려웠다. 덜 느끼고 덜 힘들기 위해 그래서 좀 더 효율적이 되기 위해 늘 내 감성이 좀 더 무디어지기를 바랐다. 이런 이유로 내 마음속에서 쓰라림을 들추어내는 소설을 일부러 멀리했는지도 모르겠다.

올 겨울은 나에게 유난히 추웠다. 겨울의 초입, 실험실에서 대학원 학생으로 인한 사고가 있었다. 인간에 대한 기본 예의가 없고 자신의 행동에 대한 '반추' 능력이 전혀 발달되지 않은 인격은 당황스러웠다. 인간이 '선의'를 느끼고 이해하는 존재인가에 대한 근본적인 질문에 마주 서야 했다. 나 자신의 정체성을 나름 '선생'으로 생각하며 지난 시간을 지냈던 나는 마음에 큰 상처를 받았다. 앞으로 이 직업에서 나의 정체성을 어떻게 정의하고 다가올 시간을 버티어야 할지 가늠이 되지 않았다. 그때 나의 실험실 상황을 아시는 학과의 선배 교수님이 별 말씀 없이 전해주고 가신 책이 『바깥은 여름』이었다. 한국말은 오묘하다. '바깥이 여름', '바깥도 여름'이 아닌 '바깥은 여름'이라니. 안은 나처럼 겨울인 사람들의 이야기인 듯싶었다. 제목이 위안이 되어 읽기 시작했다. 추운 겨울 나는 사람을 만나는 것이 무서워 웅크리고 앉아서 겨울잠을 자는 것처럼 『바깥은 여름』을 반복해서 읽었다.

이 책은 일곱 개의 단편소설들을 모아놓은 소설집이었지만 모든 소설은 같은 이야기를 하고 있었다. 거기에는 나의 쓰라림과는 비교도 되지 않는 다양한 형태의 목메는 쓰라림들이 있었다. 그리고 오롯이 혼자 그 쓰라림을 감당해야 하는 사람들이 살아서 춥게 떨고 있었다. 목메는 쓰라림에 마음이 얼어붙어 바깥은 여름이 되었는데 흘러가는 시간을 따라가지 못하고 마음이 겨울에 멈추어버린 사람들. 첫 소설 「입동」에는 후진하는 어린이집 차에 치이는 어이없는 교통사고로 아이를 잃은 부모가 나왔고, 두 번째 소설 「노찬성과 에반」에서는 조손가정에서 마음 둘 곳 없어 버려진 개에게 의지했던 소년이 개를 잃었다. 세 번째 소설 「건너편」에선 노량진에서 공무원 시험 준비에 청춘을 다 보내고 한번도 제철을 만끽하지 못하고 시들어 가는 연인이 상대에게 이별을 고할 이유를 찾고 있었다. 「풍경의 쓸모」에는 마음에서 버림받았으되 인연을 끊지 못하는 아버지의 쓸쓸함을 피곤하게 느끼는 아들이 세상에서 소위 사는 법을 아는 이에게 이용당하고 배신당하는 이야기가 적혀 있었다. 「가리는 손」에서는 다문화 가정의 아들 '재이'가 세상에서 당하는 편견과, 그 아이에게서 단지 피해자의 얼굴뿐 아니라 뜻밖의 얼굴을 발견하고 탄식하는 '엄마'가 있었다. 마지막 이야기 「어디로 가고 싶으신가요」에서는 제자를 구하려던 남편이 아이와 함께 익사하는 사고를 당한 젊은 아내가 서 있었다. 이렇게 갑작스레 인생에서 누구라도 감내하기 어려운 쓰라린 상실에 맞닥트려져 시간에서 소외된 사람들의 시린 내면은 소설 중간중간에도 직접적으로 표현되어 있었다.

가끔은 사람들이 '시간'이라 부르는 뭔가가 '빨리 감기'한

필름마냥 스쳐가는 기분이 들었다. 풍경이, 계절이, 세상이 우리만 빼고 자전하는 듯한, 점점 그 폭을 좁혀 소용돌이를 만든 뒤 우리 가족을 삼키려는 것처럼 보였다.

—「입동」 중에서

안에선 하얀 눈이 흩날리는데, 구 바깥은 온통 여름일 누군가의 시차를 상상했다. —「풍경의 쓸모」 중에서

나는 이 이야기들이 소설이 아니라 가슴 시린 사람들이 모두 살아서 나에게 말도 걸지 못하고 멍한 표정으로 쳐다보고 있는 느낌이 들었다. 선배 교수님이 나에게 이 책을 전해주고 가신 이유가 쉽게 이해가 되었다. 내가 경험하고 있는 쓰라림이나 상처는 정말 이 사람들에 비하면 아무것도 아니라는 이야기를 해주시고 싶었던 것이리라. 이렇게 더 시린 사람들을 보면서 위로를 받으라는. 그러나 이 이야기 모두 살면서 운이 나쁘면 우리 중 누구라도 겪을 수도 있는 쓰라림이어서 나는 쉽게 위로받을 수 없었고, 이들의 한기가 전해져와 더 추웠다.

이 소설을 처음 읽었을 때 나는 작가가 쓰라려 목메는

사람들의 이야기를 하고 있다고 느꼈다. 그러나 여러 번 읽으면서 작가가 이야기하고 싶은 것이, 단지 운이 좋아서 이런 목메는 쓰라림들이 우리를 비껴갈 때, 나를 포함한 우리들이 타인의 불행을 바라보는 시선이라는 것을 깨달았다. 스쳐가는 시간을 느낄 수 없을 정도로 쓰라림을 겪는 인생과 이를 바라보는 주위 타인들에 대한 작가의 관찰력은 예리했다. 어쩌면 불행을 겪는 시간이 멈추고 다시 회복될 수 없는 것은 그 사람들을 바라보는 주위의 시선 때문이 아니었을까. 상처와 불행은 당하는 사람들에게 시리고 목메는 일이지만 또 한편 부끄럽게 느껴지는 일이기도 하다. 왜, 내가 살면서 무엇을 잘못해서 이런 일이 생겼나 하는 자괴감에 빠지게 만들고 살아온 시간과 자신이 한없이 초라하고 창피해지기 때문이다. 상처와 불행에 쓰라려 목메는 이웃을 대하는 혹은 대해왔던 나와, 또 내가 힘든 일을 당할 때마다 나를 대하던 주위의 모습, 즉 타인의 쓰라림을 대하는 우리 각자의 모습이 소설 속에 민낯으로 드러나 있었다. 타인의 아픔에 값싼 공감을 표하다가도 조금이라도 무게가 느껴지면, 마치 누군가의 쓰라림이 운이 좋아서 그런 일을 비껴간 자신에게 전염되

거나 알량한 자신의 도덕성에 상처를 입히는 듯 질색을
하며 외면하는 얼굴들.

흰 꽃이 무더기로 그려진 벽지 아래 쪼그려 앉은 아내를 보
고 있자니, 아내가 동네 사람들로부터 '꽃매'를 맞고 있는
것처럼 느껴졌다. 많은 이들이 '내가 이만큼 울어줬으니 너
는 이제 그만 울라'며 줄기 긴 꽃으로 아내를 채찍질하는
것처럼 보였다. ―「입동」중에서

이수는 자기 근황도 그런 식으로 돌았을지 모른다고 짐작
했다. 걱정을 가장한 흥미의 형태로, 죄책감을 동반한 즐거
움의 방식으로 화제에 올랐을 터였다. 누군가의 불륜, 누군
가의 이혼, 누군가의 몰락을 얘기할 때 이수도 그런 식의
관심을 비친 적 있었다. ―「건너편」중에서

걔가? 그 교수랑? 어머, 어떻게 그래? 타인이 아닌 자신의
도덕성에 상처 입은 얼굴로 놀란 듯 즐거워하고 있었다. 나
도 잘 아는 즐거움이었다. ―「풍경의 쓸모」중에서

내 사촌언니 두 명이 한 달 새 나란히 사고로 아이를 잃자, 엄마는 '어쩌다 이런 일이 동시에 일어났는지 모르겠다'며 '우리 집안 죄받았다 할까봐 부끄러워 어디 가서 말도 못 꺼낸다'고 했다. ―「가리는 손」 중에서

나는 늘 당신의 그런 영민함이랄까 재치에 반했지만 한편으론 당신이 무언가 가뿐하게 요약하고 판정할 때마다 묘한 반발심을 느꼈다. 어느 땐 그게 타인을 가장 쉬운 방식으로 이해하는, 한 개인의 역사와 무게, 맥락과 분투를 생략하는 너무 예쁜 합리성처럼 보여서. ―「가리는 손」 중에서

인간이란 작가가 「가리는 손」에서 언급한 것처럼 " '이해'는 품이 드는 일이라, 자리에 누울 땐 벗는 모자처럼 피곤하면 제일 먼저 집어던지게 돼" 있는 존재인 것인지, 이 책은 계속 묻고 있었다. 아주 쉬운 문장으로 쓰인 이 책의 책장을 쉽게 넘길 수 없었던 것은 아마도 이 소설이 외면하고 싶은 나와 우리의 이런 불편한 모습을 계속 상기시키기 때문이었다. 나에게 가장 섬뜩했던 부분은 마지막 소설 「어디로 가고 싶으신가요」에서 남편을 잃고 풍경도

모두 낯설게 느끼던 주인공 명지가 인공지능 시리에게 계속 말을 건네면서 어떤 질문에도 성실하게 대답하는 시리에게서 차라리 마음의 위안을 얻는 대목이었다.

> 위안이 된 건 아니었다. 이해받는 느낌이 들었다거나 감동한 것도 아니었다. 다만 시리로부터 당시 내 주위 인간들에게선 찾을 수 없던 한 가지 특별한 자질을 발견했는데, 그건 다름 아닌 '예의'였다. —「어디로 가고 싶으신가요」 중에서

이제 서로의 아픔에 대해 쓰라림을 이해하고 보듬는 '예의'를 잃어버린, 그래서 "말을 안 해도 외롭고, 말을 하면 더 외로운" 우리는 정말 어떤 존재가 된 것인지. 이 책은 여름인데 추위에 떨고 서 있는 쓰라린 사람들의 이야기를 전하며 멍한 나에게 계속 질문을 던지고 있었다.

식품을 좋은 식품과 나쁜 식품으로 가르는 것은

어렵고도 불필요한 일이다.

—이한승

『솔직한 식품』, 창비

우리 몸은 생각보다 강하다

이강환*

우리의 몸은 우리가 먹은 것으로 이루어진다. 우리가 먹은 음식이 소화되어 우리의 몸 구석구석으로 퍼져 뼈와 살과 피를 만든다. 우리의 몸으로 들어와 여러 조건에 따라 분자 구조가 바뀌긴 하지만 그 재료가 되는 원소 자체는 변하지 않는다. 우리 몸속에서 원자핵의 융합이나 분열은 일어나지 않기 때문이다.

* 서울대학교 천문학과를 졸업하고 같은 학교 대학원에서 천문학 박사학위를 받은 뒤 영국 켄트대학에서 로열 소사이어티 펠로우로 연구를 수행했다. 국립과천과학관에서 천문 분야와 관련된 시설 운영과 프로그램 개발을 담당했으며 현재 서대문자연사박물관 관장으로 재직 중이다. 지은 책으로 『우주의 끝을 찾아서』, 『외계생명체 탐사기』(공저), 『과학하고 앉아있네 7』(공저), 『빅뱅의 메아리』 등이 있으며 『우주의 끝을 찾아서』로 제55회 한국출판문화상을 수상했다.

생명 유지의 필수 원소 6가지는 산소, 탄소, 수소, 질소, 인, 황이다. 우리 몸에 없어서는 안 되는 원소들이라는 말이다. 호흡으로 얻는 일부 산소를 제외하고 우리는 이 원소들을 모두 먹어서 얻는다. 그리고 우리가 먹는 것은 다른 생명체다. 먹는 순간에 어떤 형태를 취하고 있든, 우리가 먹는 것은 한때는 생명체의 일부였던 것이다.

우리가 이 원소들이 부족해서 특별히 영양제로 보충하는 경우는 거의 없다. 인 영양제나 황 영양제는 들어본 적이 없을 것이다. 이 원소들의 섭취는 우리가 평소에 먹는 음식만으로도 충분하기 때문이다. 그러니까 우리만이 아니라 다른 생명체들 역시 이 원소들을 가지고 있다는 뜻이다.

그렇다면 이 원소들은 어디에서 왔을까? 처음 지구가 만들어질 때부터 있었다. 그러면 지구는 어떻게 만들어졌나? 우주에 있던 분자 구름에서 만들어졌다. 그리고 분자 구름을 구성하고 있는 물질은 별에서 만들어졌다. 우주가 처음 태어난 직후에 만들어진 수소와 헬륨을 제외한 나머지 모든 원소는 별에서 만들어진 것이다. 지구는 별에서 만들어진 원소를 재료로 만들어졌고 생명체는 지구에 처음부터 있었던 물질을 계속 재활용하고 있을 뿐이다.

사실 지구가 만들어진 이후에 생긴 물질도 있다. 예를 들어 지구에 있는 상당량의 물(수소와 산소)은 지구가 만들어진 후 혜성이 가져다준 것으로 여겨진다. 그리고 지금 이 순간에도 우주 공간에 있는 많은 양의 먼지가 지구로 떨어지고 있다. 하지만 이것도 역시 지구에서 새롭게 만들어진 것은 아니고 우주에서 온 것이라는 점은 다를 것이 없다.

이렇게 별이 만들어준 원소들을 이용하여 생명체가 만들어졌다. 아마도 이 원소들은 생명체가 활용하기에 가장 좋은 원소들일 것이다. 수소와 산소로 이루어진 물은 생명체의 가장 필수적인 물질이고, 탄소는 3대 영양소인 단백질, 지방, 탄수화물을 이루는 기둥 역할을 한다.

이 모든 원소들은 우리가 먹어서 섭취해야 하는 것이니 먹는 것이 얼마나 중요한지는 더 이상 강조할 필요도 없을 것이다. 사실 먹는 것이 중요하다는 말을 이렇게 장황하게 늘어놓을 필요도 없다. 먹지 않으면 죽는다.

그러니 우리가 먹는 것에 관심을 가지는 것은 너무나 당연하다. 특히 최근에는 먹는 것과 요리를 주제로 하는 TV

프로그램이 너무나 많고, 어떤 것을 먹어야 건강에 좋은
지를 알려준다는 건강 정보 프로그램도 한둘이 아니다.
지나치게 많은 정보는 혼란을 일으킨다. 더구나 검증되지
않은 정보들이 난무할 때는 혼란이 더 커진다.

몇 년 전에는 같은 외국 논문을 인용해 '암환자 콩 식품
을 먹으면 안 된다'는 제목의 기사와 '콩 섭취하면 유방암
위험 낮아진다'는 기사가 동시에 나온 적이 있다. '암환자
가 콩으로 만든 식품을 적당량 섭취하는 것은 권장할 만
하다'는 내용이었지만 번역의 오류로 같은 시간 상반된 기
사가 나간 것이다.

잘못된 정보는 쉽게 사라지지 않는다. 예를 들어 산성
식품은 나쁘고 알칼리성 식품은 좋다는 것은 그야말로 옛
날이야기다. 산성 식품을 먹는다고 산성 체질이 되거나
알칼리성 식품을 먹는다고 알칼리성 체질로 바뀌지 않는
다. 사람 체온이 1도만 정상에서 벗어나도 몸에서 이상
을 느끼듯이 우리 몸은 아주 엄밀하게 pH를 유지한다. 혈
액이 정상 pH에서 약간만 벗어나도 몸에는 큰 이상이 생
기고 생명도 위험해진다. 하지만 산성 체질이 좋지 않으
므로 알칼리성 음식을 많이 먹어야 한다는 정보는 대체로

자극적인 형태로 들어온 경우가 많기 때문에 쉽게 잊혀지지 않는다. 사실은 체질이라는 말 자체도 정의가 불분명하다.

이런 혼란스러운 정보를 받아들이는 가장 좋은 방법은 과학적이고 합리적인 방법이다. 물론 과학이 모든 답을 제시해주는 것은 아니다. 과학적으로 생산된 정보도 서로 상충되는 경우가 있고 잘못된 것으로 판정되는 경우도 있다. 중요한 것은 과학이 알려주는 정보가 아니라 과학적이고 합리적인 방법으로 정보를 판단하는 것이다.

『솔직한 식품』은 난무하는 정보를 과학적이고 합리적으로 판단할 수 있는 방법을 다양한 실례를 통해 알려준다. 흔히 밀가루와 설탕은 건강의 적인 것처럼 알려져 있지만, 영양실조로 죽어가는 아프리카 아이를 살리는 영양죽의 주원료는 밀가루와 설탕이다. 같은 음식이라도 사람에 따라서 독이 될 수도 있고 약이 될 수도 있는 것이다.

봄이면 고로쇠 수액이 몸에 좋다며 채취하는 사람들이 많다. 그런데 고로쇠 수액에 가장 많은 성분은 설탕이다. 고로쇠뿐만 아니라 단풍나무과 식물들은 수액을 내므로 서양에서도 단풍나무 수액으로 메이플 시럽을 만들었다.

다이어트와 항암에 효과가 있다고 알려진 메이플 시럽의 주성분 역시 설탕이다. 고로쇠 수액이나 메이플 시럽이 몸에 나쁘다는 말이 아니라 과학적 근거 없이 떠도는 말을 너무 신뢰하지 말자는 말이다.

많은 사람들이 쉽게 무시하기 힘든 것 중 하나가 '천연'이라는 말이 붙으면 안전하고 '인공', '합성', '화학' 같은 말이 붙으면 위험하다는 생각이다. 하지만 자연은 그렇게 안전하지 않다. 삭막한 도시환경을 비판하며 자연과 가까운 삶을 원한다는 사람들도 막상 집 안에 거미나 지네가 기어다니면 질겁할 것이 분명하고 출근길에 야생 멧돼지와 마주치는 일은 상상도 하기 싫을 것이다. 자연에는 잘못 먹으면 탈이 나거나 잘못하다가는 목숨까지 잃을 수도 있는 것들 투성이다.

우리가 가장 많이 먹으면서도 가장 많은 공격을 받는 것 중 하나가 화학조미료일 것이다. 그런데 사실 화학조미료는 잘못된 말이다. 이 세상의 모든 물질은 화학물이기 때문이다. 어쨌든 인공으로 만들어진 조미료는 끊임없이 의심과 공격을 받는데, 특별히 몸에 나쁘다는 과학적인 근거는 전혀 없다. 나 개인적으로는 맛이 없는 음식을 먹는 것보다 조미료가 들어간 맛있는 음식을 먹는 것이 훨씬 더 좋다. 많이 먹으면 몸에 좋지 않을 거라는 말은 할 필요가 없다. 뭐든 많이 먹으면 좋지 않다. 그리고 몸에 좋지 않을 정도로 많은 양의 조미료가 들어간 음식은 맛이 없다.

천연물이냐 인공물이냐 하는 구별도 사실 명확하지가 않다. 재치 있는 내용으로 많은 인기를 끌고 있는 웹툰 〈유사과학 탐구영역〉에는 다음과 같은 대사가 나온다. "콩을 갈아낸 다음 단백질만 추출한 용액을 염화마그네슘이나 황산마그네슘으로 응고시킨 변성단백질 덩어리인 두부는 웰빙 천연 식품인데… 사탕수수 당밀이나 해초를 발효시켜서 추출한 MSG는 화학조미료란 말이지. 영어 이니셜로 되어 있으면 합성이고… 알기 쉬운 우리말이나 한자 단어로 되어 있으면 천연물인가…."

어떤 음식에 발암물질이 들어 있다거나 항암물질이 들어 있다는 발표는 너무나 자주 접해서 식상할 정도다. 사실 식상해하는 것이 가장 좋은 반응일 것 같다. 어떤 식품을 먹어서 발암이나 항암 효과가 생기려면 평생 그것만 먹어도 다 못 먹을 정도의 양을 먹어야 하는 경우가 대부분이기 때문이다. 식품공학자들 사이에는 "당신이 어떤 식품을 가져와도 그 속에 발암물질이 들어 있거나 항암물질이 들어 있다는 것을 입증해 보일 수 있다"는 말이 있다고 한다. 좋은 물질만 든 식품도, 나쁜 물질만 든 식품도 없다.

항암 효과뿐만 아니라 어떤 병에 좋다는 식품들 대부분이 그렇다. TV 건강 프로그램에 나오는 몸에 좋다는 식품은 거의 만병통치약에 가깝다. 그렇게 몸에 좋은 식품이 많은데 왜 사람이 병에 걸리는지 신기할 정도다. 건강기능식품도 마찬가지다. 건강기능식품은 말 그대로 건강에 기능을 하거나 '할 수 있는' 식품이다. 병을 치료하거나 예방하는 식품이 아니다. 먹어서 병을 치료하거나 예방할 수 있다면 그것은 식품이 아니라 약이다. 그런데 실제로 특정한 식품을 먹고 정말로 건강이 호전되기도 한다. '플라시보 효과'야말로 과학적으로 검증된 사실이다.

먹지 않고는 살 수 없기 때문에 식품에 대해서는 누구든 관심이 없을 수는 없고, 모든 사람이 자기 나름대로의 경험을 가지고 있고, 결과적으로 정보가 많이 만들어질 수밖에 없고, 그러다보니 잘못된 정보도 많을 수밖에 없다. 이런 상황에서 식품에 대한 정보를 올바르게 판단하는 가장 적합한 방법은 과학적이고 합리적인 방법일 수밖에 없다.

이 책이 읽기 편안한 이유는 일방적으로 어떤 내용을 비판하거나 옹호하는 것이 아니라 객관적인 관점에서 과학적이고 합리적인 방법으로 이야기를 풀어나가기 때문이다. 식품이라는 분야는 나의 전문 분야와는 너무나 거리가 멀지만, 분야가 다르더라도 같은 과학적인 관점으로 보기만 한다면 얼마든지 동의하고 공감할 수 있다는 사실을 다시 한번 확인할 수 있었다는 점이 무척 반가웠다.

과학은 현재 얻을 수 있는 최대한의 자료를 지금 사용할 수 있는 가장 합리적인 방법으로 분석하고 종합하여 현재 상황에서 최선의 답을 찾아내는 것이다. 과학은 정답을 찾는 것이 아니라 정답을 찾아나가는 과정이다. 식품에도 정답은 없다. 그리고 식품에 대한 지식은 계속 업데이트되어야 한다. 『솔직한 식품』은 식품이라는 분야에서 이런 과학적인 관점을 잘 견지하고 있다는 점에서 아주 훌륭한 '과학 교양서'다. 많은 이해관계가 얽혀 있을 수도 있는 분야에서 이해관계에서 벗어난 솔직한 이야기를 할 수 있는 용기도 높이 평가해줄 수 있다.

솔직히 말하면 이 책이 마음에 들었던 이유는 내가 평소 가지고 있던 생각에 믿음을 더해주었기 때문일 수도 있다. 먹어서 좋기만 하거나 나쁘기만 한 게 어디 있겠느냐는 생각이다. 물론 더 좋은 식품과 더 나쁜 식품이 있을 수는 있을 것이다. 하지만 평생 몸에 좋다는 식품만 먹을 수도 없고, 평생 몸에 나쁘다는 식품을 먹지 않고 살 수도 없을 것이다. 그렇다면 기왕에 먹는 거, 편하고 기분 좋게 먹는 게 더 좋지 않을까?

그래서 이 책의 결론은 정말 마음에 든다. 우리가 먹는 식품은 그렇게까지 위험하지는 않고, 식품은 약이 아니다. 좋아하는 음식을 즐거운 마음으로 골고루, 적당히 먹는다면 우리는 건강해진다. 우리 몸은 생각보다 강하다.

그리고 이 책은 좋은 영양소를 풍부하게 갖춘데다 맛도 좋은 정말 훌륭한 식품이다.

어떻게 하면 남을 도울 때

최대한의 효과를 거둘 수 있을까?

—윌리엄 맥어스킬

『냉정한 이타주의자Doing Good Better』, 부키

세상을 바꾸려면 냉정해야 한다

이강환

나도 정말 좋은 아이디어라고 생각했다. 뺑뺑이 놀이기구를 가지고 놀기만 하면 물을 길을 수 있다. 이제 시골 여인들이 수 킬로미터를 걸어와 힘들게 펌프질을 하거나 바람이 불 때까지 마냥 기다리며 풍력펌프 앞에서 줄을 설 필요가 없다. 많은 사람들이 열광했다. 수천만 달러의 자금이 지원되었고 각종 상을 휩쓸었다. 나도 어디에선가 이에 대한 홍보물을 보고 감탄했다. 정말 좋은 아이디어로 훌륭한 결과를 내고 있는 줄 알았다. 이 책을 읽기 전까지는.

사실 조금 이상하다는 생각을 하지 않은 것은 아니다. 뺑뺑이 놀이기구는 우리나라에도 동네 놀이터마다 다 있는 것이다. 당연히 아이들도 좋아한다. 그런데 아이들이 노는 모습을 지켜볼 기회가 많은 나는 아이들이 뺑뺑이 놀이기구를 '타는' 것을 좋아하지 '돌리는' 것을 좋아하지는 않는다는 사실을 알 수 있었다. 그리고 아무리 아이들이라도 그렇게 빙글빙글 돌아가는 놀이기구를 하루 종일 타지는 못한다.

알고 보니 실제로 그랬다. 뺑뺑이 놀이기구는 살짝만 돌려도 잘 돌아가는 것이 가장 좋은 것이다. 그런데 거기에 펌프를 달아 물을 끌어올리면 잘 돌아갈 수가 없다. 아이들은 뺑뺑이 놀이기구를 '돌리면서' 노는 것이 아니라 '타면서' 노는 것이다. 결국 놀이기구를 돌리는 것은 물을 길어야 하는 여자들의 몫이 되고 말았다. 더구나 놀이기구를 돌리는 것은 기존의 수동 펌프를 작동하는 것보다 더 힘든 일이었다.

물건을 사거나 사업에 투자할 때 사람들은 그 제품이나 사업 전망과 결과에 대해서 꼼꼼하게 따져볼 것이다. 그런데 기부할 때는 그렇지 않은 경우가 많다. 내가 기부하는 단체가 정확하게 어떤 곳인지, 내가 기부한 돈이 어떤 곳에 쓰이는지 굳이 따지지 않는다. 뺑뺑이 놀이기구에 대한 투자 역시 효과를 실제로 알아보지 않고 좋을 것 같다는 느낌만으로 진행된 결과였다고 볼 수 있다.

세상에는 도움을 필요로 하는 곳이 너무나 많고 많은 사람들이 많든 적든 기부를 하고 있다. 그런데 사실 자신이 기부한 돈이 어떻게 쓰이는지 구체적으로 알아보는 사람은 많지 않다. 어쩌면 기부를 했다는 사실 자체에 만족해버리기 때문일지도 모른다.

『냉정한 이타주의자』는 다른 사람에게 실제로 도움이 되기 위해서는 냉정하게 효율을 따져보아야 한다고 주장한다. 그럴듯해 보이는 것이 중요한 것이 아니라 실질적인 도움이 되느냐를 따져보자는 것이다.

아프리카 케냐 학교의 출석률과 성적 향상을 위해서는 어떤 방법이 가장 좋을까? 교과서를 지원하거나 교사 수를 늘리거나 학교 시설을 보완하는 등의 방법이 생각날 것이다. 이런 지원을 한다고 하면 기꺼이 기부를 하겠다는 사람도 꽤 많을 것이다. 하지만 실제로 시행해본 결과 이런 지원은 별로 성과를 거두지 못했다. 결론은 전혀 다른 곳에 있었다. 케냐 학교의 결석률을 낮추고 학습 효과를 높이는 데 가장 큰 성공을 거둔 것은 기생충 구제였다.

기생충 구제는 학습 효과뿐만 아니라 보건, 경제 등 교육 외적인 부분에서도 효과를 거두었다.

기생충 구제가 학습 효과를 높이는 데 가장 좋은 방법이 었다는 사실은 그럴듯해 보이는 방법을 시도해보는 것으로 만족하지 않고 실제로 효과적인 방법이 무엇인지 과학적인 방법으로 조사를 하여 알아낸 것이다. 좋은 일을 할 때도 과학적인 접근이 필요하다.

기생충 구제는 겉보기에는 그렇게 멋있어 보이는 프로 그램은 아니다. 하지만 효과 면에서는 비교할 수 없을 만큼 큰 성과를 거두었다. 감정에 호소하는 것이 아니라 실효성에 중심을 둔 결과 수백만 명의 삶을 눈에 띄게 개선시키는 눈부신 성과를 거두었다.

어디에 기부하는지도 중요하다. 대단한 갑부가 아니라면 대부분의 사람들이 기부하는 것은 그렇게 큰 금액은 아닐 것이다. 그러다보니 기부의 효과를 따지기보다는 기부를 한다는 사실 자체에 만족해버리는 경우도 많다. 큰 양동이에 물 한 컵 더 보태는 것일 뿐이라고 생각할 수 있을 것이다. 하지만 양동이의 크기가 어떠냐에 따라서 그 결과는 크게 달라질 수도 있다.

큰 규모의 재해가 일어나면 많은 재해 구호 자금이 몰린다. 재해가 발생하면 이에 자극받은 우리 뇌는 재해를 '긴급 상황'이라고 인식하기 때문에 강력하고 즉각적인 감정을 불러일으킨다. 그래서 오히려 큰 재해는 필요 이상의 자금이 몰리기도 한다. 그런데 사실 긴급 상황은 늘 발생하고 있다. 에이즈, 말라리아, 결핵 등 쉽게 예방할 수 있는 질병으로 전 세계 사람들이 매일 목숨을 잃고 있고 그 규모는 지진과 같은 재해보다 훨씬 더 크다. 똑같은 금액이라도 가난한 나라에서는 꽤 큰 금액이 될 수 있다.

세계인의 건강에 미치는 영향으로 보면 말라리아는 암의 절반 정도로 심각한 요인이지만 말라리아 치료비로 지출되는 비용은 암 치료비의 100분의 1도 되지 않는다. 말라리아에 비해 암 치료에 많은 돈이 몰리는 이유는 말라리아가 적은 비용으로 퇴치 가능한 질병이라 부유한 나라에서는 이미 자취를 감추었기 때문이다. 효율의 측면에서 보면 부유한 나라에서 시행되는 가장 효율적인 암 치료 프로그램에 기부하는 것보다 개발도상국에서 시행되는 가장 효율적인 말라리아 치료 프로그램에 기부하는 것이 훨씬 더 큰 혜택을 줄 수 있다.

효율적인 투자라고 하면 흔히 선택과 집중을 떠올리는 경우가 많다. 이 책에서 말하는 것도 어떻게 보면 선택과 집중이라고 할 수 있다. 그런데 자본주의 사회에서의 선택과 집중은 많은 경우에 잘될 만한 것을 골라 거기에 역량을 집중하는 것이기 때문에 선택되지 않은 대부분의 분야가 소외되는 경우가 많다. 특히 경제적인 효과를 고려하여 선택과 집중을 하는 경우에는 더욱 그렇다.

하지만 이 책에서 말하는 선택과 집중은 이와는 반대로, 오히려 소외된 부분을 골라 집중하자는 것이다. 많은 사람들이 관심을 가지고 있는 분야보다는 소외된 분야를 골라 도움을 주면 훨씬 더 큰 효과를 거둘 수 있기 때문이다. 이 책은 비용 대비 효과가 높은 단체들을 추천도 하고 있다.

어차피 좋은 일을 하자는 것인데 너무 효율성을 따지는 것은 어쩌면 불편할 수도 있다. 하지만 선의가 언제나 좋은 결과를 가져오는 것은 아니다. 윤리적 소비를 위해 노동착취 공장의 제품을 사지 않는 것은 분명 좋은 의도에서 하는 행동이지만 결과적으로는 극빈층의 생활을 더 어렵게 만들 수도 있다.

경제학자들은 당장은 문제가 있더라도 노동집약적 제조업이 저임금 농업 위주 경제사회가 더 부유한 산업사회로 가는 징검다리 역할을 하기 때문에 오히려 더 많아져야 한다고 주장한다. 한때 방글라데시에서 수많은 아이들이 공장에서 일을 하고 있다는 사실이 알려지면서 아동 노동 착취 공장 제품의 불매운동이 제기되자 공장에서는 아이들을 해고해버렸다. 그런데 이 아이들은 학교로 돌아가거나 더 좋은 일자리를 얻은 것이 아니라 대부분이 더 영세한 미등록 하청 의류공장이나 기타 업종으로 옮겨간 것으로 파악되었다. 문제가 이렇게 단순하지는 않겠지만 현장의 상황을 고려하지 않고 나만 만족할 수 있는 행동은 답이 되지 않을 수도 있는 것이다.

윤리적 소비는 비용이 더 많이 드는 경우가 많은데 심리 연구에 따르면 윤리적인 소비를 한 사람들이 다른 곳에서는 더 비윤리적인 행위를 하는 경향이 있다고 한다. 착한 일을 한 번 하고 나면 이후에 선행을 덜 실천하는 것으로 보상받으려 하는 경향인 '도덕적 허가' 효과인 것이다.

최근 명망 있는 국제 구호 단체에서 성학대와 착취가 있었다는 사실이 알려져 큰 충격을 주고 있다. 어떤 경우에는 목숨이 위태로울 수도 있는 구호 현장에서 헌신적으로 구호 활동을 벌이는 분들은 당연히 존중받아야 한다. 그런 분들은 나와는 다른 특별한 책임의식과 도덕성을 가지고 있을 것이라고도 기대한다. 그러므로 그런 곳에서 각종 비리 행위가, 그것도 도움이 필요한 사람들의 어려움을 이용하는 비리가 있다는 사실은 우리를 너무나 불편하게 한다. 현장에서 일을 하는 분들은 당연히 존중해야 하지만, 그것이 어려운 사람은 그 시간에 돈을 벌어서 후원을 하는 것이 더 큰 도움이 될 수도 있다.

이 책에서 제시하는 여러 주장이나 예시에 모두 동의하지는 못할 수도 있다. 하지만 세상을 바꾸는 것은 열정이 아니라 냉정이라는 주장은 한번 생각해볼 만한 가치가 있다. 열정을 다해 노력을 하여 거둔 성공담은 아주 많다. 당연한 말이지만 성공한 경우만 주목을 받기 때문이다. 청소년들에게 하고 싶은 일을 포기하지 말고 끝까지 하라는 조언은 비현실적이다. 만일 모든 청소년들이 정말로 그랬다가는 미래에 가장 많은 직업은 연예인이 될 것이기 때문이다.

이 책의 원제목은 『Doing Good Better』, 좋은 일을 더

잘하기이다. 그런데 『냉정한 이타주의자』라는 우리말 제목이 더 어울리는 것 같다. 냉정하다는 말은 우리나라에서 그렇게 좋은 의미로 쓰이지 않는 경우가 많다. 냉정해지라는 말은 긴장된 승부를 앞둔 운동선수나 어이없는 일을 당한 사람에게나 흔히 하는 말이다.

하지만 세상을 바꾸려면 냉정해야 한다. 적폐를 청산하기 위해서는 잘못된 사항을 냉정하게 지적하고 평가하여 냉정하게 처벌하여야 한다. 잘 아는 사람의 잘못된 행동을 지적하려면 냉정해지지 않고서는 불가능한 일이다. 자기만족을 위한 선행은 사회에 별로 도움이 되지 않는 경우가 많다.

사실 따지고 보면 이 책의 내용이 대단히 놀랍거나 새로운 사실을 알려주는 것은 아니다. 조금만 관심을 가지고 찾아보거나 합리적으로 생각해보면 어떻게 보면 당연한 이야기들이다. 하지만 너무나 불합리하고 상식 밖의 일을 많이 겪다보니 과학적, 합리적으로 생각해야 한다는 지극히 상식적인 말을 실천하기가 어려울 정도다.

사람은 기본적으로 사회적인 동물이고 누구나 어려움에 처한 사람을 도와주고 싶어 하는 본능을 가지고 있다.

그리고 사람이 진화 과정에서 지능을 발전시킨 것을 보면 세상을 살아가는 데 이성적인 생각이 중요한 것이 분명하다. 사회 속에서 살아갈 때뿐만 아니라 다른 사람을 도와줄 때도 냉정해지는 것이 더 도움이 되는 경우가 분명히 있다.

확률과 통계는 과학적 사고습관의 핵심이며,

야바위와 착취에 맞설 방어수단이다.

—데이비드 헬펀드

『생각한다면 과학자처럼 A Survival Guide to the Misinformation Age』, 더퀘스트

폭주와 조율의 사이에 선 과학자의 고뇌

이은희*

데이비드 헬펀드의 『생각한다면 과학자처럼』을 읽으면서 머릿속에 떠오른 건 엉뚱하게도 미국의 심리학자 엘리자베스 퀴블러-로스가 제시한 죽음에 대한 '퀴블러-로스 모델'이었다. 일명 '죽음의 5단계'로 알려진 과정으로, 죽음 혹은 그에 비견할 만한 커다란 상실이나 슬픔을 맞이하게 된

* 연세대학교 생물학과를 졸업하고 같은 학교 대학원에서 신경생물학을 전공했다. 고려대학교 과학언론학 박사과정을 수료했으며 제21회 한국과학기술도서상을 수상했다. 현재 책, 칼럼, 방송, 강연 등 다양한 방법을 통해 과학을 알리는 과학 커뮤니케이터로 활동 중이다. 지은 책으로 『하리하라의 생물학 카페』, 『하리하라의 과학 블로그 1, 2』, 『하리하라의 과학고전 카페』, 『하리하라, 미드에서 과학을 보다』, 『하리하라의 몸 이야기』, 『하리하라의 과학 24시』, 『과학, 10월의 하늘을 날다』(공저), 『하리하라의 청소년을 위한 의학 이야기』, 『하리하라의 음식 과학』, 『하리하라의 눈 이야기』 등이 있다.

사람들은 부인(Denial) – 분노(Anger) – 협상(Bargaining) – 우울(Depression) – 수용(Acceptance)의 5단계를 거쳐 현실을 받아들이게 된다는 주장이다. 물론 이에 대해서는 다양한 비판들이 있기는 하지만, 그래도 반세기가 지난 이후에도 여전히 논의되는 상실에 대한 모델로 알려져 있다. 과학적 사고방식을 다룬 책을 읽으면서 뜬금없이 죽음의 5단계 모델을 떠올린 건, 주변에서 보았던 많은 과학자들의 모습이 묘하게도 이와 중첩된다는 느낌이 들었기 때문이었다. 굳이 이름을 붙이자면 '과학자들의 소통 5단계'라고 명명할 수 있을 텐데, 그 순서는 놀람 – 열정 – 좌절 – 분노 – 포기/폭주/조율이라는 단어로 표현될 수 있을 것이다. (다만 이후 서술할 내용은 학술적으로 연구된 바도 아니고, 근거가 명확한 것도 아니며, 어디까지나 개인적인 생각일 뿐이라는 것을 확실히 짚어두는 바이다.)

먼저 '놀람'부터 시작해보자. 과학자로 교육받고 일해온 사람들 중 대다수가 비과학자들과 전문적인 대화를 하는 과정에서 상대가 기본 중의 기본인 과학 원리 혹은 기초 중의 기초적인 과학 지식에 대해 어이없을 정도로 무지하다는 사실을 깨닫고 놀라는 경우가 많다. 심지어 상대가 드러내는 과학적 무지의 정도는 그가 지닌 다른 분야의 지식이나 경험의 양과는 크게 상관이 없다는 사실까지 겹치면 놀라움을 넘어 이해 불가의 상태가 되곤 한다. 도대체 타 분야에서는 저토록 훌륭한 지적 체계를 가진 이들이 유독 과학에 대해서만 무지한 상태로 남아 있는 것이 가능할까 하는 의구심이 든다. 더욱 놀라운 건 그걸 당당하게 드러내면서도 부끄럽기는커녕 당연하다고 생각하는 자신감이다. 역사를 모르고 정치에 무관심하며 예술을 즐기지 않으면 '교양 없다'고 손가락질하지만, 물리적 법칙을 모르고 화학 반응에 무관심하고 진화에 대해 부정해도 다들 그러려니 한다는 것이다. 그러니 놀랄 수밖에 없는 것이다.

이를 인식한 과학자들은 '열정' 단계로 넘어간다. 과학자로서 자신이 하는 일을 사람들이 너무 모르고 있기에 이해받지 못한다는 답답함과 그동안 자신의 일에 매몰되어 외부와의 소통을 등한시했다는 반성의 마음이 일종의 사명감이 되어 불타오르는 것이다. 각종 회의나 위원회에 적극적으로 참여하고, 대중 과학 행사에 관심을 가지고, 블로그에 글을 쓰거나 칼럼을 연재하고 대중 강연을 하면서 비교적 소외되어 있던 자신만의 분야를 알리는 데

적극적으로 노력하는 시기이다. 이 시기의 열정은 비교적 순수하다. 돈이나 명예, 권력보다는 그저 사람들이 새로운 것을 알아가면서 내뱉는 감탄사와 호기심 가득한 눈빛이 이 분야에 뛰어든 과학자들의 마음을 더없이 배불린다.

하지만 타오르는 불꽃은 연기로 사라지거나 차갑게 식어 재를 남기듯, 열정의 시기를 거치면서 많은 과학자들은 뿌듯함과 고양감만큼 걷잡을 수 없는 좌절과 분노에 휩싸이기도 한다. 안타까운 것은 스스로 불태웠던 열정의 크기에 비례해 좌절의 깊이와 분노의 정도도 커지는 듯한 경향을 보인다는 것이다. 과학자가 과학(자신이 잘 알고 매우 친숙한 것)에 대해 비과학자들에게 이야기하는 상황은, 굳이 비유하자면 주변 사람들이 온통 영어를 쓰고 있는데 한국어로 이야기하는 것과 비슷하다. 이때 한국어를 쓰는 사람이 얼마나 유창하게 유려한 말투로 재미있는 이야기를 하느냐는 것은 크게 중요치 않다. 심지어 주변 사람들이 그의 이야기에 얼마나 흥미를 가지고 그에게 귀를 기울이고 있는지도 중요하지 않을 수 있다. 언어의 장벽은 소통을 단절시키고, 단절이 주는 막막함은 대부분의 사람들을 제풀에 지쳐 주저앉게 만든다. 처음에는 그래도 주변인들이 그나마 호의적인 눈길로 들어주려고 애를 쓰는 것이 보인다. 그러니 더욱 열심히 말하지만 나아지는 것이 별로 없어 보인다. 그러면 소통에 실패한 자신에 대한 실망감과 좌절감이 스멀스멀 피어오른다. 다시 심기일전해서 그들의 말을 배워 그들의 언어로 시도하지만, 그때쯤이면 다른 사람들이 그가 뭐라고 말하는지는 관심이 없거나 혹은 이해할 수 없다거나 시끄럽다고 면박을 주는 경우가 생겨난다. 심지어 자신과 같은 편이라고 여겼던 동료들조차 의미 없는 일에 시간을 낭비한다거나 사람들의 관심을 받고 싶어서 광대짓을 한다고 곱지 않은 시선을 보내기 시작하면, 자신의 노력을 알아주지 않는 비정한 세상에 대해 걷잡을 수 없이 분노가 솟아오르기 시작하거나, 자신의 한계를 제대로 모른 채 섣불리 일을 저질렀다는 자책감이 물밀듯이 밀어닥친다.

그 좌절감과 분노와 자책감이 뒤섞이게 되면 드디어 마지막 단계로 접어든다. 남을 것이냐 떠날 것이냐 하는 기로에 놓이게 되는 것이다. '한때의 의미 있던 추억' 혹은 '이불킥을 날리고픈 흑역사'로 간직한 채 포기하고 원래 자신이 잘하던 일에 집중하기도 하고, 자신의 생각을 더욱 미친 듯이 펼쳐내는 투사가 되어 앞장서기도 하고, 소통을 가로막는 장벽에 대해 이해하고 이를 조율하고자 노력하기도 하면서 말이다.

이쯤에서 다시 생각해보자. 도대체 과학자들과 과학자가 아닌 사람들 사이를 가로막는 장벽이 무엇이길래, 이런 단계들이 형성되는 것일까. 가장 근본적인 이유는 '생각하는 방식'의 차이가 크기 때문이다. 『생각한다면 과학자처럼』에서 저자인 천문학자 데이비드 헬펀드가 지적했던 바로 그 지점이다. 과학자들은, 따로 과학적으로 생각하는 법 등을 배우지는 않지만 과학이라는 분야에서 교육을 받다보면 물에 닿은 종이가 서서히 젖어들어 부풀어 오르듯 그렇게 과학적 사고방식에 익숙해진다. 단위의 환산을 통해 실질적인 크기를 가늠하고 그래프를 그리고 모델을 만들어 경향성을 파악하고 핵심적인 구조를 읽어내는 법을 배운다. 다양한 조건과 사례들 사이에서 결과에 결정적인 영향을 미치는 인과적 원인과 결과를 변화시킬 수 있는 상관적 변수를 찾아내길 원하고, 통계를 바탕으로 추산된 확률이 실질적인 환경에서 일어나는 가능성을 타진한다. 이성적인 추론 과정을 통해 가능한 것과 그럴듯해 보이지만 거짓인 것을 구별해내어 효과적인 대응책을 찾아내길 원하고, 늘 반증 가능성을 열어둔 채로 새로운 증거들을 모으고, 새롭게 나타난 증거들을 합리적인 사고틀 안에서 정의하는 등의 사고방식 말이다. 이 사고방식은 마치 숨쉬기처럼 자연스러워서, 한번 익숙해지면 다른 방식으로 생각하기가 어려워진다. 우리가 다른 방법으로 숨 쉬는 법을 상상하기 어렵듯이 말이다. 그럴 수밖에 없는 것이 우리가 살아가는 이 지구는 물리적인 시공간인지라, 역시나 물리적 법칙의 지배를 받기 마련이고, 그 물리적 공간에서 구체적 몸을 지니고 살아가는 인간 역시도 예외가 될 수 없음을 절실히 느끼게 되기 때문이다. 하지만 사람들은 여전히 이런 식으로 생각하는 것을 낯설어한다. 사람들은 소위 '상식적 지혜'라는 것에 매몰되어 물리적 원리를 무시하며(174쪽), 기껏 문제의 원인을 찾아내 분석하거나 효율적인 해결법을 제시하면 "글쎄요, 선생님이야 원하는 것이면 뭐든지 통계로 증명해낼 수 있으시겠죠"라는 비아냥을 듣기 일쑤고(218쪽), 자신은 "달은 낮에 뜨지 않는다는 걸" 알고 있다는 이유로 오전 9

시에 그믐달이 하늘에 떠 있음을 관찰한 증거가 틀린 것이라고 치부해버리는 오만을 버젓이 드러내고도 뭐가 잘못되었는지도 모른다(378쪽). 그러니 이 책을 읽는 도중에 행간을 통해 저자의 어이없음과 답답함을 넘어서 짜증 섞인 한숨소리가 들려오는 듯하다. 적어도 이 긴 책을 끝까지 써내려간 원동력 중의 일부는 그 짜증에 대한 반대급부였다는 것에 기꺼이 베팅하고 싶을 정도로 말이다. 그럼에도 불구하고 저자 자신이 일상에서 겪은 오류와 오해와 합리적 사고의 부재에 대한 예시를 정교하고 세심하게 포착하고, 가능한 한 수학적 수식과 공식을 걷어낸 일상의 언어로 이해하기 쉽게 써내려간 솜씨에서 전문적 지식과 소통의 열망을 적절히 조율하고 있음도 읽혀진다.

우주물리학자 테드 해리슨(Ted Harrison)은 인간이 우주를 바라보는 관점은 의인론적 우주관에서 인간중심적 우주관을 거쳐 인간측정적 우주관으로 변해왔다고 말한 바 있다(379쪽). 의인론적 우주관에서 자아와 외부세계는 경계가 없으며, 자연현상을 인간의 감정 발현으로 본다. 사람들의 분노는 땅을 울려 지진을 일으키고, 삶을 갈구하는 간절한 몸짓은 하늘을 적셔 비를 내리게 한다는 것이다. 인간중심적 우주관은 온 우주가 우리를 위해 존재하며, 우주의 모든 별과 현상은 우리처럼 울고 웃고 싸우고 성내는 존재라고 생각하는 관점이다. 마지막으로 인간측정적 우주관은 우주가 공간, 시간, 물질, 에너지로 이루어진 객관적이고 물리적인 실체이며, 우리는 그 물질적 실체의 일부라는 사실을 인정한다. 첫 번째가 우주를 마법사의 관점에서 접근하는 방식이라면, 두 번째는 신화적 관점에서 접근하는 방식이며, 마지막은 과학자의 관점에서 접근하는 방식이다. 여기서 분명한 건 우주를 의인론적 관점에서 보는 시대든, 인간중심적으로 접근하는 시대든, 물리적 실체로 간주하는 시대든 간에 우주가 작동하는 원리 자체는 바뀌지 않았으나, 관점이 바뀜으로 인해 인간이 할 수 있는 것이 늘어났고 인류가 도달할 수 있는 우주적 범위가 확실히 확장되었다는 사실이다. 그런 점에서 세 번째 관점이 세 방식 중에 우주를 바라보는 가장 효율적인 방식이라는 점은 부정하기 어렵다.

모든 사람이 직업적 과학자는 아니고, 그렇게 될 필요도 전혀 없다. 하지만 과학자들이 세상을 바라보는 방식이 좀 더 유용한 것만은 사실이다. 그러니 적어도 한번쯤은 자신이 '진짜로' 알고 있다고 믿는 '상식적 지혜'를 잠시 미뤄두고, 과학자들이 과연 어떻게 생각하는지 그리고 그 생각을 어떻게 현실에 적용하는지에 대해 진지하게 귀를 기울여보는 것은 어떨까. 이 책의 저자가 — 그리고 많은 과학자들이 — 진정으로 말하고자 하는 바는 바로 이런 것일 것이다. "진짜 과학은 생각의 방식이야, 생각의 방식이 이치에 맞는지 보고 난 다음에 판단하라고!"

나도 한때 일을 했어.

물론 지금도 할 수 있지만,

굳이 그럴 필요가 없지.

—웬즈데이 마틴

『파크애비뉴의 영장류Primates of Park Avenue』, 사회평론

최상류층의 특이습성에 대한 인류학적 관찰

이은희

이 섬은 길이가 폭의 약 7배인 땅덩어리로, 지리적·문화적·정치적으로 고립된 지역이다. 이 섬의 거주자들은 생태적 해방(ecological release)의 상태에서 살아간다. 유례없이 풍족한 환경에서 생존으로부터 자유로울 뿐 아니라 자식을 낳으면 부족하지 않게 아낌없이 투자할 수 있다. 자신과 자식을 먹여 살리는 것은 인류 진화의 역사를 통틀어 전 세계 부모의 주된 생태적 과제이지만, 이 섬사람들에게는 이는 아주 간단한 일이다. 이 섬의 가운데에는 비상업지구인 빅 필드(big field)가 존재하며, 이 빅 필드의 가장 가까운 오른쪽 윗동네에 사는 사람들은 이 섬의 최고 부유층이다. 그

들의 일부는 매우 독특하고 굳건하며 기이해 보이는 집단
적 관습과 의식, 신념을 가지고 있다. 바로 이 사람들이 우
리의 연구대상이다.

인류학과 비교문학으로 박사학위를 받고 작가 겸 사회
연구가로 일하던 커리어우먼인 웬즈데이 마틴은 현대 서
구 산업사회의 풍요로운 대도시에 사는 고학력 여성 대부
분이 그러하듯이 결혼과 출산을 미루다가 30대 중반이 되
어서야 가정을 꾸리고 임신을 한다. 이들 부부는 많은 예
비 부모들이 그러하듯이 아이를 좀 더 안전하고 안정적
인 환경에서 키우고 싶다는 열망을 가지게 되고, 결국 그
들이 살던 뉴욕에서 가장 부촌으로 알려진 맨해튼의 북동
쪽, 즉 어퍼이스트사이드로 이사를 결심하게 된다. 여기
까지는 너무나 흔한 스토리다. 그런데, 우여곡절 끝에 어
퍼이스트사이드에 아파트를 얻고 이사를 온 뒤 이야기는
시작된다. 자신의 아이를 위한 최선의 선택이라고 생각했
던 가장 '안전한' 동네가 겉보기와는 달리 매우 배타적이
고 폐쇄적이어서 외부에서 이주한 이들에게는 결코 만만
치 않은 문화권이라는 사실을 깨달으면서 말이다.

인류 역사를 살펴보면 시대에 따른 지능과 문명의 발달은 대개는 인류를 잔인한 야만의 습성에서 탈피시켜 이성적이고 합리적인 사회로 이끌어주곤 했다. 그러니 가장 고도로 문명이 발달했다고 여겨지는 곳에서 오히려 노골적으로 드러나는 본능적 잔인함은 더욱 당황스럽다. 예를 들어 야생에 사는 영장류에게는 텃세가 생존의 걸림돌이 되곤 한다. 특히나 젊은 침팬지 암컷이 새끼를 데리고 낯선 무리에 끼어들려고 할 때, 기존 무리에 속해 있던 암컷 침팬지들이 심한 텃세를 부리곤 하고, 심지어는 폭력을 가해서 죽음에 이르게 하는 경우도 없지 않다. 하지만 인류 사회에서, 그것도 가장 부유하고, 가장 고상하며, 가장 문명화되었다는 곳에서 이런 영장류적 습성이 여지없이 나타나고 있다는 사실은 당황스럽기 그지없다.

물론 이곳이 영장류가 사는 열대 우림이나 사바나 초원이 아닌 이상, 어퍼이스트사이드의 기존 주민들이 마틴과 그녀의 어린 아들에게 물리적으로 폭력을 가하거나 재물을 빼앗거나 한 것은 아니다. 하지만 그들, 아니 아이를 키우는 엄마들이 대부분인 그녀들은 어린이집 복도에서, 아파트 엘리베이터에서, 놀이터 벤치에서 그녀와 그녀의 아들을 싸늘한 눈길로 외면하고 친절하게 다가오는 그녀의 말을 못 들은 체하고 곁을 주지 않으면서 그녀의 마음을 휘젓고 정신을 뒤흔든다. 고학력 중산층 여성으로 나름 성공한 삶을 살아왔다고 자부했던 마틴은 이런 낯선 상황에서 때로는 모멸감에 분노하기도 하고 소외감에 주눅이 들기도 하지만, 한편으로는 하루라도 빨리 그들의 세계에 속하고 싶은 열망감에 달뜨기도 한다. 어쨌든 그녀는 이곳에 자리를 잡았고, 이곳에서 살아갈 생각이었으니까. 구석에 몰린 그녀에게 힘이 되어준 건, 그녀가 지금까지 배워왔던 인류학적 연구방법론이었다. 문화인류학자들이 기존의 서구 산업사회와는 전혀 다른 가치관과 전통을 지닌 소수민족들을 연구하기 위해 내부의 조력자를 통해 생소한 사회와의 연결고리를 만들고, 그들의 금기를 준수하고, 그들의 통과의례를 견디면서 서서히 동화되어가듯이 이곳 어퍼이스트사이드 엄마들만의 사회 속에 동화되어 그들만의 문화적 특성을 분석해보기로 결심한 것이다. 다만 차이가 있다면, 대부분의 문화인류학자들의 연구대상이 되는 사회는 서구 문명이 거의 닿지 않은 전통 사회이며, 그곳에 들어간 문화인류학자들은 동화되는 것은 가능해도 언젠가는 떠날 사람들임에 반해, 이곳 어퍼이스트사이드의 엄마들 사회는 서구 문명의 혜택이 극단적으로 적용된 공간인 동시에 마틴은 그곳에서 어떻게든 살아가야 할 거주민으로 편입되었다는 사실이었다. 그렇게 그녀는 세상에서 가장 부유하고 가장 거만한, 뉴욕에서도 0.1%인 최상류층의 특이습성에 대한 인류학적 관찰을 시작하게 된다.

이곳의 가장 큰 특징은 앞서도 말했듯 완벽한 생태적 해방 상태라는 것이다. 자연 속에서 어미가 된 암컷들이 이기적이 되는 건 어찌 보면 자연스러운 일이다. 새끼는 끝도 없이 무언가를 요구하는 블랙홀 같은 존재이지만, 그 작은 생명체를 만족시킬 자원은 늘 부족하고 경쟁하지 않으면 얻기가 어렵다. 그러니 어미들은 쩍쩍거리는 빨간 입에 한 입 거리라도 더 넣어주고, 바들바들 떠는 작은 몸에 한 겹이라도 더 덮어주기 위해 서로 경쟁하고 빼앗고 쫓아내는 것을 서슴지 않는다. 하지만 이곳은 그럴 이유가 없는 곳이다. 지구촌 가장 부국이라는 미국에서도, 가장 부유하다는 뉴욕 최상류층이 모여 사는 어퍼사이드이스트에서 엄마와 아이의 생존을 방해하는 물리적인 조건은 존재하지 않는다. 그럼에도 불구하고 이곳 엄마들은 극도의 불안감과 스트레스로 인해 신경증에 시달리며, 지나친 우월의식과 무심함으로 무례하게 굴면서 살아간다. 도대체 왜?

실제로 인류는, 특히나 어린아이를 품고 낳고 젖을 먹여 키워야 하는 여성들은 오랫동안 생존의 문제에 시달려왔다. 하지만 생존을 위해 먹거리를 채집하고 천적을 피해 보금자리를 만들고 아이들의 터울을 조절하고 한정된 자원을 효율적으로 분배하는 과정에서 여성들은 주체적으로 판단하고 대응하고 싸우고 협력해야 했다. 물론 이는 매우 힘들고 피곤한 과정이지만, 이 과정을 이겨낸 어머니들은 권위를 인정받는 독립적인 주체로 당당할 수 있었다. 하지만 지나친 생태적 해방은 여성들에게서 이 모든 힘든 의무를 제거해주는 동시에, 그들이 마땅히 누렸던 자존감마저도 사라지게 만들었다. 이곳에서는 부모 어느 한쪽만 일을 해도 생존에 전혀 지장이 없는 자원을 벌어들인다. 이런 경우, 대부분은 아버지 쪽이 자원을 벌어들이고 어머니 쪽이 자녀를 키워내는 것으로 성역할이 분담된다. 아무래도 임신과 출산과 수유가 여성의 몸을 통해 이루어지는 포유류의 습성상 그쪽이 더 자연스러우니 말이다. 그런데 지나친 생태적 해방은 오히려 고대 어머니들이 지녔던 당당함―자신이 주체가 되어 아이들의 생존을 책임진다는 것에서 나오는―은 희석된 채, 의존성과 종속성만을 더욱 부각시키는 아이러니한 결과를 가져온다. 그녀들의 남편 혹은 아이들의 아버지들은 대개 충분하고도 넘치는 자원을 가져다준다. 자원이 부족하기 때문에 어쩔 수 없었다는 변명은 아예 떠올릴 수조차 없게 말이다. 그래서 이곳에서의 여성들은 실패는 물론이거니와, 약간의 뒤처짐이나 아주 조그마한 실수도 허용되지 않는다는 압박감을 느낀다. 충분함을 넘어 과한 자원을 제공받으면서도 이를 벌어들이는 데 별다른 기여를 하지 않았다는 주체성의 상실은 그녀들에게 유일하게 남은 역할, 즉 '완벽한 아이들의 완벽한 엄마'가 되어야 한다는 강박관념을 가져오는 것이다. 아이들의 삶과 미래에는 조그마한 걸림돌도 없어야 하기에 최고급 어린이집 선정에서부터 일류 사립학교 입학까지 심혈을 기울이고, 아이가 위험하지 않도록 환경을 최대한 정비하며, 아이의 입에 들어가는 것, 몸에 걸치는 것, 심지어 아이가 어울릴 친구들까지도 최고급으로 맞추려고 노력한다. 또한 이런 일을 스스로 하는 것이 아니라 보모, 가정교사, 가사도우미, 운전사, 영양사, 헬스 트레이너, 코디네이터 및 전담 비서들이 대신하니 여성들은 스스로에게 더욱 가혹해진다. 아이를 낳았다고 몸매가 망가진다거나, 아이를 키운다고 매무새에 신경 쓰지 못하는 것은 이 동네에서는 용납할 수 없는 수치가 된다. 그러니 완벽한 몸매와 미모를 유지하고 세련된 매무새를 과시하기 위해 미친 듯이 식이요법과 운동과 성형에 매달리고, 철마다 더욱 특이하고 세련된 신상 명품을 수집하기 위해 경쟁하며, 조그마한 흠이라고 잡히지 않기 위해 서로를 경계하고 가식적으로 행동하기 마련이다. 하지만 늘 그렇듯이 사람은 실수하기 마련이고 세상일은 한 치 앞도 알 수 없기에, 늘 완벽함을 가장하는 그녀들의 마음은 불안함과 스트레스에 시달려 커다란 구멍이 뚫려 있기 마련이고, 알코올과 약물과 쇼핑으로 구멍을 메우고 과시와 멸시, 조소와 빈정거림으로 빈자리를 덮으며 살아간다. 그렇게 그녀들은 속으로부터 곪아 썩어 문드러져가지만 어디서부터 어떻게 손을 대야 할지 알 수 없을 정도로 서서히 망가져간다.

가능한 한 객관적으로 이런 상황을 지켜보려던 그녀도 어느새 동화되어가는 자신을 발견한다. 둘째 아이를 낳고 얼마 되지 않았음에도 살을 빼기 위해 고강도 피트니스에 중독되어 불면증을 가진 빼빼 마른 여성으로 변해가고, 아무나 가질 수 없는 명품(그녀의 경우 버킨백)을 사기 위해 남편의 해외 출장 경로를 조정한다던가 하는 일을 아무렇지도 않게 하는 것이다. 자칫 폭주할 것만 같던 그녀의 삶에 브레이크가 되어준 건, 아이러니하게도 인생 최대의 시련이었다. 늦은 나이에 셋째 아이를 임신한 그녀는 안타깝게도 임신 6개월째에 사산이라는 아픔을 겪게 된다. 그렇게 그녀가 삶의 의욕을 잃고 지금까지 해온 모든 것을 부질없어 하면서 시름에 잠겨 있을 때, 쌀쌀맞고 매몰차기로는 둘째가라면 서러울 듯한 어퍼이스트사이드 엄마들이 손을 내밀어온다. 아무리 도도하고 차가운 껍질로 자신을 둘러싸고 살아가도, 그녀들은 기본적으로 엄마들이었다. 유난히도 미숙한 상태로 태어나면서도 유년기가 매우 긴 특이한 후손을 키워야 하는 유인원 엄마들의 유전자 속에 본능적으로 뿌리내린, 서로를 보살피고 보듬고 기운을 북돋아주면서 고단한 육아를 버텨온 여성들 고유의 유대감, 내 아이를 위해 얼마든지 이기적일 수 있지만 바로 그 아이를 위해 기꺼이 서로에게 손을 내밀어주는 엄마들만의 연대의식이 그녀들에게도 아직 남아 있음을 비로소 알게 된 것이다. 그녀들은 처음부터 별나고 이상한 태생적 괴물들이 아니라, 나름대로 처한 환경에서 제대로 살아보려 노력하다가 저주에 걸린 야수로 변해버린 것에 가까웠다. 그녀들의 마음속 깊은 곳에서는 아직도 서로를 보듬고 품어줄 수 있는 연대감과 동료의식이 남아 있었고, 이는 엄마들의 가장 큰 고통 — 아무리 해도 막을 수 없는 이유로 아이를 잃는 슬픔 — 이 해제 주문이 되어 그녀들을 다시금 서로를 위로하는 '엄마'로 돌아오게 했던 것이다.

개인적으로 지금 현재진행형으로 아이들을 키우고 있는 한 명의 엄마로서, 지금 우리네 육아 환경은 모순투성이다. 후기산업사회를 살아가는 우리들은 인류 역사상 가장 적은 수의 아이를 낳지만, 가장 높은 확률로 이들을 성인으로 키워내고 있는 효율적인 자손 번식 시스템을 정착시킨 바 있다. 하지만 이러한 수치적 성공률과는 달리 한 명의 아이를 어른으로 키워내는 육아의 과정은 그 어느 시기보다도 지난한 과정으로 인식되고 있으며, 이를 둘러싼 개인과 개인 간, 집단과 집단 간의 날선 대립도 극단으로 치닫고 있다. 생명체라면 가장 자연스러운 행위에 해당하는 재생산의 문제가 가장 부자연스러운 갈등 요소가 되어 버린 꼴이다. 자연스러운 문제라면 자연스러운 해결법이 어울린다. 그러니 가장 현대적인 정글에서 펼쳐지는 인류학적 육아일기를 통해 저자는 어쩌면 우리가 사실은 '사바나를 걷던 유인원'의 그리 멀지 않은 후손이라는 것을 다시금 되새기면서 생물의 가장 궁극적 목적, 즉 공생의 관점에서 바라보는 것이 첨예하고 복잡한 갈등을 다루는 가장 '인간다운' 방식이라는 것을 알려주고자 했던 것은 아닐까.

아버지의 애정이란 이렇듯 복잡한 것이다.

그리고 이해받기 힘들다.

—이나가키 히데히로

『수컷들의 육아분투기身近な生きものの子育て奮闘記』, 원킴퍼니

강한 남자는 육아를 하기 위해 존재한다

이정모[*]

2017년 3월은 괴로웠다. 어쭙잖게 KBS의 인기 다큐멘터리 〈명견만리〉에 프레젠터로 나가게 되었기 때문이다. 텔레비전 프로그램에 나가게 된 것 때문에 곤혹스러운 게 아니다. 나는 텔레비전에 나가는 것을 좋아한다.

　문제는 내가 생각했던 프로그램이 아니었다는 것. 처음 제안받았을 때는 〈세계테마기행〉 같은 여행 프로그램

* 연세대학교 생화학과를 졸업하고 같은 학교 대학원에서 석사학위를 받았다. 독일 본대학교 화학과에서 곤충과 식물의 커뮤니케이션 연구로 박사과정을 마쳤다. 안양대학교 교양학부 교수, 서대문자연사박물관 관장을 거쳐 현재 서울시립과학관 관장으로 재직 중이다. 지은 책으로 『달력과 권력』, 『해리포터 사이언스』(공저), 『바이블 사이언스』, 『삼국지 사이언스』(공저), 『그리스 로마 신화 사이언스』, 『공생 멸종 진화』, 『저도 과학은 어렵습니다만』 등이 있다.

인 줄 알았다. (내 이야기에 PD는 전혀 놀라지 않았다. 개와 관련된 프로그램인 줄 알고 출연한 사람들도 많다고 한다.) 그런데 주제가 육아였다. 저출산에 이르게 된 현실을 진단하고 거기에 대한 처방으로 남성의 육아 참여를 독려하는 것이 이 프로그램의 목적이었다.

대한민국의 현재 합계 출산율은 1.17명. 이 출산율이 유지된다면 대한민국의 인구수는 약 120년 후에는 1천만 명으로 급속히 줄어든다. 그리고 2300년이 되면 대한민국은 사실상 소멸단계에 들어가게 된다. 〈명견만리〉에서는 스웨덴의 사례를 들면서 남성이 육아에 자유롭게 참여할 수 있는 제도를 만들어야 한다고 밝히면서 끝낸다. 궁금하다. 사람 역시 동물인데, 다른 동물에게는 없는 문제가 왜 생겼을까? 다른 동물들은 육아의 문제를 어떻게 풀까?

육아를 한다는 건 강한 존재라는 뜻

이때 기가 막힌 책이 나왔다. 일본의 농학자 이나가키 히데히로가 쓴 『수컷들의 육아분투기』가 바로 그것. 책은 크게 두 부분으로 구성된다. 책의 4분의 1을 차지하는 제1부는 '생물에게 육아란 무엇인가?'를 다룬다. 진화사에서 유성생식이 왜 등장했고, 여기에서 육아가 어떤 역할을 했는지를 보여준다.

동물은 암컷과 수컷이 있고 사람은 여자와 남자가 있다. 수컷은 암컷과 짝짓기하기 위해 공작처럼 과도한 장식 날개를 가지고서 매일 목숨을 건 생활을 하거나 박치기라는 고통을 감내해야 한다. 다행히 우리 인간은 대부분 짝짓기에 성공하는 운을 갖고 태어났다. 하지만 짝짓기에 이르기까지 온갖 갈등과 번민의 나날을 보내는 것은 마찬가지다.

왜 복잡하게 암컷과 수컷이 존재하는 것일까? 저자는 암컷과 수컷이 같이 있으면 재밌기 때문이라고 말한다. 그렇다. 재미야말로 자연사에서 암컷과 수컷이 생겨난 이유다.

지구의 나이는 46억 살, 이 가운데 생명의 역사는 38억 년이다. 생명체는 등장한 이래로 오로지 모두 자기복제만 했다. 어미와 후손이 똑같았다. 모든 생명체는 암컷이었던 셈이다. 암컷에서 수컷이 갈라선 것은 불과 10억 년 전의 일이다. 이때부터 유성생식을 시작한다.

유성생식의 가장 큰 장점은 서로 다른 개체의 유전자가 섞인다는 것. 유전자가 교환되면서 생명이 다양해진다. 환경의 변화에 적응할 수 있는 개체가 남을 확률이 높아진다. 그러니까 암컷과 수컷, 남자와 여자가 존재하는 이유는 유전자를 섞기 위해서다. 유전자를 섞기 위해서 준비하는 과정과 섞는 과정이 재밌는 것이다.

유성생식이 등장한 후에도 여전히 단성생식을 즐기는 생명들도 많다. 바퀴벌레도 그 가운데 하나다. 바퀴벌레는 수컷의 도움 없이도 알을 얼마든지 낳을 수 있다. 수컷과 만나는 귀찮고 복잡한 과정을 생략했으므로 번식의 효율이 더 높다. 하지만 후손의 유전자가 다양하지 못하다. 환경이 변하면 전멸할 수 있다.

역시 유성생식이 좀 귀찮고 복잡하기는 해도 후손에게 좋다. 그런데 섞인 유전자를 잘 품었다가 세상에 내놓는 존재는 암컷이다. 이때 수컷이 하는 역할이라고는 유전자가 들어 있는 정자를 제공하는 것이 전부. 즉 수컷은 암컷이 유전자를 다양하게 변화시키는 데 필요한 도구일 뿐이다. 아, 슬프다!

하지만 생명과 기계가 다른 점이 무엇인가? 스스로 개척하는 능력이다. 수컷들은 '나는 이 세상에 왜 존재하는가?'라는 질문을 했다. 제법 생각이 있는 수컷들이 찾은 답은 육아다. 우리의 슬픔을 달래기 위해 저자는 제2부에서 육아를 하는 다양한 생물들을 소개한다. 수컷들의 육아는 자연에서 흔한 현상이다. 육아가 언제 처음 등장했는지는 모호하다. 확실한 것은 적어도 공룡들은 알을 품고 육아를 했다는 것. 그들의 특성이 현재 살고 있는 1만 종의 공룡, 즉 새에 그대로 남아 있다. 알은 암컷이 낳지만 수컷도 육아에 거의 자유롭게 참여할 수 있는 행운을 누리고 있다.

때로는 암컷의 역할을 빼앗은 수컷도 있다. 황제펭귄은 영하 60도의 혹한 속에서 4개월간 먹지도 않으면서 알을 품는다. 이것도 육아의 범주에 넣을 수 있을 것이다. 오스트레일리아에 서식하는 새인 에뮤는 수컷 혼자서 육아를 한다. 암컷은 알을 낳고 사라진다. 수컷은 8주 동안 아무것도 먹지 않으면서 알을 품는다. 그리고 18개월 동안이나 계속되는 육아를 혼자 담당한다. 번식기에는 아무것도 먹지 못한 채 알을 품고, 새끼가 알에서 부화하면 새끼들을 데리고 방랑하는 나날들, 그것이 수컷 에뮤의 삶이다. 여자들의 독박육아와 비슷한 양상이다. 차이가 있다면 여자들의 독박육아는 자신의 선택이 아니라는 것.

육아는 강한 생명만 할 수 있다. 임신 중이나 출산 후에 포식자가 나타나더라도 그들에게 저항하거나 피신할 수 있을 정도로 강인해야 한다. 특히 포식자에게 늘 쫓기는 초식동물 수컷은 육아를 꿈도 꾸지 못한다. 다만 강한 육식 포유동물은 육아에 참여할 수 있다. 포유류 수컷이 육아에 참여한다는 것은 곧 강한 존재라는 뜻이다.

그렇다면 현재 생태계에서 최고 포식자의 지위를 누리고 있는 인간 수컷, 즉 남자들은 어떠한가? 거의 참여하지 못하고 있다. 2017년 3월 8일 세계 여성의 날에 배우 앤 해서웨이는 UN 연설회장에서 세계적인 배우인 자신마저도 다른 여성들과 마찬가지로 일과 가정이란 두 가지 갈림길에서 불안해하고 있다고 밝혔다. 가장 큰 문제는 육아! 현대 사회에서의 육아는 '독박육아'라는 말이 회자될 만큼 여성에게만 지워진 부담이다. 독박육아는 저출산이라는 결과를 낳았다.

문제가 있으면 해결해야 한다. 답은 간단하다. 남자들은 강하다. 강한 아빠들이 육아에 적극적으로 참여해야 한다. 이때 개인의 희생과 결단 따위를 요구해서는 해결되지 않는다. 사회적인 제도와 배려가 필요하다. 제도는 거저 주어지지 않는다. 『수컷들의 육아분투기』를 읽었다면 두 손 높이 들고 외칠 수 있다. "강한 남자는 아이를 키우기 위해 존재한다."

남편이 죽어버렸으면 좋겠다

카페에서 여인들이 은밀히 나누는 대화가 아니다. 2017년에 한국에서도 출판된 책의 제목이다(고바야시 미키, 『남편이 죽어버렸으면 좋겠다』, 북폴리오). 나도 남편의 한 사람으로서 책제목을 보고서는 모골이 송연했다. 일본의 저널리스트 고바야시 미키는 전업주부, 워킹맘 등 남편을 죽이고 싶은 마음이 넘치는 열네 명의 아내를 심층취재했다. 내용은 간단하다. 어떤 세대, 어떤 성향의 여성도 독박육아 문제에서 해방되지 못했다는 것이다. 근본 원인은 권위주의 사회가 묵인하고 조장하는 구시대적 성역할 의식, 그리고 그에 따른 남녀 노동환경의 차이라는 것.

2014년 12월 일본에서는 인터넷 검색 사이트에 '남편'을 입력하면 연관 검색어 1위로 '죽었으면 좋겠다'는 말이 떴다고 한다. 지금 이 글을 읽는 남편 가운데 "우리 집은 안 그런데?"라고 근거 없는 자신감을 표하는 분은 없기를 바란다. 남편이 죽기를 바랄 정도면 차라리 이혼을 하면 되지 않느냐고 따지지도 마시라. 이혼하고 싶어도 할 수 없는 사정이 많고, 또 많은 문제는 남편이 죽으면 저절로 해결되기 때문에 이런 바람이 있는 것이다.

책에 나오는 열네 명의 이야기를 구구절절 소개할 필요도 없다. 바로 우리 집 이야기다. 우리 부부는 2017년에 결혼 28주년을 맞이했다. 나이가 그렇게 많은 건 아니고 조금 일찍 결혼했다. 어디 괜찮은 남자를 여자들이 가만 놔두던가. (풉!) 지난 결혼생활을 되돌아보면 내 아내도 '남편이 죽어버렸으면 좋겠다'는 생각을 충분히 했을 것 같다. 28년 동안의 만행을 아주 조금만 고백하겠다.

결혼할 때 아내는 어엿한 직장이 있었고 나는 취직은커녕 군대도 다녀오지 않은 상태였다. 결혼 후 두 달 있다가 나는 입대했고 아내는 얼마 동안 시부모를 모시면서 직장

생활을 했다. 제대 후에도 아내는 직장에 출근하기 전에 지방대학 강사인 내 밥상을 차려줘야 했다.

아내가 임신했다. 직장생활도 계속했다. 남편보다 수입이 훨씬 많았기 때문이다. 하지만 남편은 매일 늦게 들어왔다. 공식적으로는 혁명과 개량을 위한 모임이었지만 실제로는 술 모임이었다. 배가 불러오는 아내를 두고 유학을 떠났다. 만삭의 몸으로 직장생활을 하는 아내와 달리 남편의 유학생활은 즐겁기만 했다. 아내를 독일로 불렀다. 아내의 경력이 단절되었다. 아내는 말도 안 통하는 나라에서 오로지 집에서 애만 봐야 했(으면 차라리 좋았겠지만 인쇄 공장에 나가서 일도 해야 했)다.

귀국했다. 큰아이는 초등학생이 되었고 둘째는 ('아이는 부모가 양육해야 한다'라는 철학이 있었다기보다는 유치원 보낼 돈이 없는 관계로) 다섯 살까지는 집에서 돌봤다. 학교에 들어간 후에도 왜 그렇게 엄마가 해야 하는 일은 많은지…. 이 와중에 남편은 온갖 정치 모임을 빙자한 동네 술친구 모임에 하루도 빠지는 날이 없었다. 큰애가 중학교, 고등학교, 대학교를 졸업할 때까지 (아이의 앞날에 참견하지 않고 자유롭게 키운다는 핑계로) 정말로 아무런 관심을 갖지 않았다. 모든 부담은 아내 혼자 졌다.

아내는 나와 결혼하는 바람에 직장을 잃었다. 혼자 아이를 키웠고 혼자 양가 부모를 챙겼다. 도대체 아내는 나와 결혼해서 무엇을 얻었을까? 물론 사랑해서 결혼했을 것이다. 하지만 애정 호르몬은 그다지 오래가지 않는다. 결혼생활은 우정과 습관으로 유지되는 것이다. 김정은과 트럼프처럼 우리 부부도 레드 라인을 넘어서고 있지 않은지 따져볼 때다.

나는 이미 늦었다. 나뿐만 아니라 우리 세대 남성들은 이미 늦었다. 아내의 마음 한구석에는 '남편이 죽었으면 좋겠다'는 문장이 희미하게 적혀 있다. 다만 그 말을 할 기회가 없었을 뿐. 이제 몇 년 후 은퇴하고 집에 있으면서 하루 세끼 차리라고 요구하기 시작하면 희미한 문장이 또박또박 타자 글씨로 적힐 것이다. 그러다 문득 지난 결혼생활을 차분히 정리하는 순간 그 문장을 입으로 뱉을지도 모른다.

긴 육아 덕분에 지능을 발전시킨 인류

남편들도 할 말이 있기는 하다. 남편들이 뭐 일부러 야근하고 회식을 즐기기만 했겠는가. 그러지 않고는 세상살이를 할 수가 없다. 남자라고 사랑하는 아내에게 독박육아, 독박가사를 시키고 싶지는 않다는 말이다. 어쩔 수 없었다.

우리는 어쩔 수 없지만 젊은 세대들에게는 기회를 줘야 한다. 간단하다. 우리 세대에서 어쩔 수 없었던 것을 젊은 세대는 어쩔 수 있게 해주면 된다.

온갖 제도들은 이미 있다. 남성 육아휴직이 좋은 예다. 제도가 있으면 뭐하나. 눈치가 보이는데…, 승진에 불리할 것 같은데…, 그렇지 않아도 얼마 되지 않는 수입이 팍 주는데…. 젊은 남편들을 번민에 빠지게 하지 말자. 선택하게 되어 있는 제도를 의무화하고 보상하자. 혹자는 말할 것이다. 그러면 경제가 돌아가겠냐고 말이다. 그 말이 딱히 옳지는 않지만 설사 경제가 조금 어려워지더라도 남편이 죽었으면 좋겠다는 아내가 늘어나는 것보다는 훨씬 낫지 않은가.

다시 『수컷들의 육아분투기』로 돌아가자. 이나가키 히데히로는 "지능을 무기로 삼은 인류는 살아가기 위해 배울 것이 많다. 그래서 굳이 발육을 늦춰서 바로 어른이 되지 않도록 하는 전략을 선택했다. 인간이 지능을 무기로 쓰려면 긴 육아기간이 불가결하다는 말이다. 그래서 지능과 육아는 세트로 발달했다"(70쪽)고 말한다.

사람이 여느 영장류와 다른 이유는 뛰어난 지능 때문이다. 그리고 인간의 지능은 긴 육아를 통해 발달했다. 로봇과 인공지능 시대에 인류가 조금이라도 더 주체적으로 살기 위해서라도 남자들의 육아 참여가 절실히 필요하다.

미안하다. 정말 미안해!

─김탁환

『아름다운 그이는 사람이어라』, 돌베개

작은 기쁨들로 큰 슬픔을 견디듯이

이정모

큰 슬픔을 견디기 위해서 반드시 그만한 크기의 기쁨이 필요한 것은 아닙니다. 때로는 작은 기쁨 하나가 큰 슬픔을 견디게 합니다.

표지를 들추면 고(故) 신영복 교수님의 말씀이 인용되어 있다. 이쯤 되면 우리는 이미 안다. 커다란 슬픔을 견디게 하는 소소한 기쁨의 이야기라는 것을 말이다. 그런데 과연 그게 항상 가능한 일일까?

사건은 2014년 4월 16일 오전에 일어났다. 무려 304명의 시민이 침몰하는 배에서 빠져나오지 못하고 차가운 물속에서 죽었다. 워낙 큰 사건이기도 하지만 배가 바다에 가라앉기 전에 배에 있던 모든 사람들이 밖으로 빠져나올 수 있었다는 황당한 사실 때문에 더 슬픈 사건이다. 슬픔은 분노로 변했다. 책임을 져야 할 사람들이 책임지지 않고 부끄러워해야 할 사람들이 피해자와 그 가족을 조롱하고 탄압했기 때문이다.

세월호 이후 사건을 다룬 책이 제법 많이 나왔다. 특히 사건 당일의 일분일초를 또렷하게 기억하는 부모들의 기억이 작가들의 객관적이고 간결한 문체와 윤태호, 최호철 등 여덟 명의 만화가가 그린 감동적인 삽화와 함께 기록된 세월호 유가족 인터뷰 모음집『금요일엔 돌아오렴』(416 세월호 참사 시민기록위원회 작가기록단 지음, 창비)은 백미라고 할 수 있다. 이 책은 2015년 한국출판문화상을 받았다.

그렇다면 '세월호 문학'도 가능할까? 이런 의문을 품는 데는 이유가 있다. 세월호 사건은 아직도 진행 중이기 때문이다. 세월호의 비극은 과거의 사건이 아니라 생생한 현재다. 현재를 뉴스나 다큐멘터리가 아니라 소설이라는 문학으로 그릴 수 있을까? 현재는 사실로 전달되어야 하는데, 허구화하지 않으면서 문학다운 문학을 할 수 있을 것 같지가 않다. 아마 소설가 김탁환도 이 점을 깊이 고민했을 것이다. 그리고 기록하기 시작했다. 그는 팟캐스트 〈4·16의 목소리〉(2016년)를 기획하고 오현주 작가, 함성호 시인과 함께 직접 진행자로 나섰다.

하지만 김탁환은 세월호를 다큐멘터리가 아니라 문학으로 만들었다. '세월호 문학'이 가능하다는 것을 보여주었다. 김탁환은 2015년 조선 후기 조운선 침몰 사건을 소재로 한 역사 장편 추리소설 『목격자들』(전2권, 민음사)을 내놓았다. 민음사의 '소설 조선왕조실록' 시리즈 9~10권에 해당하는 이 작품은 누가 읽어도 세월호 침몰 사건을 연상시켰다.

이듬해에 펴낸 『거짓말이다』(북스피어, 2016)는 거대 여객선(당연히 세월호)이 알 수 없는 이유로 침몰한 뒤 선내를 헤치고 들어가 죽어간 아이들을 데리고 나오는 잠수사의 이야기다. 그런데 어처구니없게도 진술의 현장은 법정이다. 급히 도와 달라는 연락을 받고 자기 일을 내팽개치고 맹골수도로 내려간 잠수사들이 재판을 받는 것이다. 생명줄 하나에 의지해서 깊고 차가운 바다 밑 좁고 어두운 선실 안으로 들어간 잠수사의 이야기를 김탁환은 르포르타주 형식의 소설로 풀어냈다. 『거짓말이다』 표지를 벗겨내 뒤집어보면 노란색 바탕에 '내가 김관홍이다!', '철근이 목숨보다 중허냐!', '새누리당과 청와대에 권한다', '국가재난에 국민 부르지 마라!' 같은 구호가 적혀 있는 팻말이 된다. 박근혜를 비롯한 국정농단세력의 서슬이 퍼렇던 시절에 이런 시도를 한 출판사와 저자의 용기에 찬사를 보낸다.

내 평생 『거짓말이다』처럼 가슴 아프게 읽은 소설은 없다. 소설의 주인공 나경수는 김관홍 잠수사와의 인터뷰를 토대로 만들어졌다. 김관홍 잠수사는 세월호 참사 후유증에 시달리다가 자신을 모델로 한 소설이 출간되는 것을 보지 못하고 세상을 떠났다. 김관홍 잠수사와 방송국에서 스치듯 지나면서 눈인사만 나눴을 뿐이지만 그를 보는 것같아 쉽게 읽을 수 없었다. 그렇다. 세월호는 여전히 진행형이다.

이제는 됐을 것만 같은데 김탁환에게는 그렇지 않았나 보다. 그는 다시 찾아가 만났다. 희생자 유가족, 생존자, 민간 잠수사, 특조위 조사관, 사진작가, 동화작가, 시민활동가 등 다양한 사람들을 다시 만나서 이야기를 나누었고, 그 이야기가 씨앗이 되어 중단편소설로 피어났다. 그리고 여덟 편의 소설을 묶어 『아름다운 그이는 사람이어라』를 냈다.

눈동자

주인공은 눈동자 수집가다. 한번 본 눈동자는 잊지 않는다. 제주도에 간판을 설치하러 가다가 사고를 당했지만 스무 명 이상의 사람을 구한 생존자다. 하지만 구하지 못한 승객이 더 많았다. 그 눈동자들이 꿈에 나타난다. 괴로움에서 벗어나기 위해 기억하는 눈동자를 찾아 나섰다. 그러다 어느 여인의 눈에서 배에서 만난 아이의 눈동자를 발견했다. 봄이의 엄마였다.

발목과 허리까지 물에 잠길 때도 계속 나만 올려다봤다. 나는 말하고 싶었다. 말해야만 했다. 그러나 끝내 말할 수 없었다. 내 눈물이 선내로 떨어져 그녀의 눈에 닿았다. 그녀가 손등으로 눈을 훔쳤다. 나도 손등으로 눈물을 닦으며 울

먹었다. 입술로 나가지 않은 말들이 송곳처럼 잇몸과 혀를 찔러댔다. 미안하다. 정말 미안해! —30~31쪽

사고 발생 2년 후 눈동자 수집가는 3차 청문회에 생존자 대표로 참석한 후 발언했다. 사람들은 왜 그렇게 행동하느냐고 묻는다. 눈동자 수집가의 대답은 우리 모두의 대답이었다.

"아저씨, 난 어떻게 해요?"라는 질문에 답을 못해서라고. 이제 안전한 국가가 되었으니 마음 편히 기다리면 전원 구조될 것이라고 답할 수도 없고, 이 나라는 안전하지 않으니까 자기 목숨은 자기가 알아서 지키라고 답할 수도 없어서라고. —33쪽

돌아오지만 않는다면 여행은 멋진 것일까

동민은 공항 출입국관리소 팀장이다. 다리를 다친 동민을 두고 프랑스로 결혼 10주년 여행을 홀로 떠난 아내 옥

인은 사고로 현지에서 숨진다. 아내가 모아놓은 프랑스 관련 책을 모두 읽은 동민은 옥인의 책을 기증할 대안학교를 알아보다가 한 학교에서 '차정후 책꽂이'를 발견한다. 정후는 안산의 고등학생이었다. 책 기증 여부에 대해 결정하지 못하고 지내던 어느 날 공항에서 정후의 여권에 출국도장을 받으려고 떼를 쓰고 있는 정후의 아빠를 발견한다. 정후의 아빠는 왜 말도 안 되는 요구를 했던 것일까? 아빠는 정후를 데리고 인도네시아 여행을 떠날 예정이었지만 제주도로 떠난 수학여행에서 정후는 돌아오지 못했다.

> 정후는, 우리 정후는 이 나라를 떠난 겁니다. 그리고 아직 돌아오지 않은 것이고요. 입국 도장이 찍히기 전까진, 정후는 지구를 누비며 여행 중입니다. 나보다 훨씬 많은 곳을 걷고 보고 듣고 느낄 겁니다. ─67쪽

동민은 규정을 어기고 정후의 여권에 출국도장을 찍어준다. 그리고 대안학교에 옥인의 책을 기증한다. '옥인의 마음'이라는 안내판이 붙은 두 책장 앞에서 서성이던 한

여학생이 책을 한 권 뽑아들고 햇살이 비치는 의자에 앉아 책을 읽는다. 옥인이 마지막으로 보낸 사진 속 뤽상부르 공원의 풍경처럼.

할

잠수사 최진태는 잠수를 할 수 없으니 이젠 잠수사도 아니다. 잠수병을 앓고 있고 정기적으로 투석을 해야 하기 때문이다. 딸 숙희가 이 모든 것을 힘겹게 감당하고 있다. 목매달 나무를 찾던 진태는 산속에서 스스로 꾸짖는 소리인 '할' 소리를 내뱉은 우각 스님을 만난다. 마침내 자살을 실행하는 날 자신이 건져올린 고등학생 형수가 마지막으로 보낸 문자를 찍은 사진을 받는다. 거기에는 '할' 한 글자만 적혀 있다. 다급한 나머지 할머니에게 문자를 보낼 때 '할' 한 글자만 보낸 것이다.

물갈퀴가 물컹한 물체를 미는 순간 객실 안 전체가 움직였다. 헤드랜턴을 올려 갑작스런 움직임의 정체를 확인했다.

잠수사들이 찾고자 한 남학생들이었다. 스무 명이 넘는 학생들이 좁은 객실에서 어깨동무를 하거나 팔짱을 낀 채 한 몸처럼 뒤엉켜 있었다. 그의 물갈퀴가 그 중 한 학생의 옆구리에 살짝 닿자 다른 학생들까지 모두 출렁인 것이다.

—99쪽

진태는 문에서 가장 가까운 곳에 있는 남학생의 어깨를 짚고 부탁했다. 할머니의 얼굴에서 그 남학생의 얼굴을 보았다. 그 친구가 바로 형수였던 것이다.

한꺼번에 다 같이 나갈 순 없어. 차례차례 잠수사들이 너희들을 모두 모시고 나갈 거야. 이 아저씨가 약속할게. 그러니 우선 너부터 나가도록 하자. 친구와 맞잡은 오른손부터 놓아줘. 그리고 친구의 어깨를 두른 왼손도 거둬들여주렴. 친구들에게 먼저 바지선으로 올라가 기다리겠다고 인사할 시간은 줄게. 지금부터 1분이면 충분하겠지? —115~116쪽

형수 할머니를 만난 후 진태는 자살을 포기하고 다시 살아가기로 한다. 우각 스님의 할과 할머니의 할이 진태를

새로운 방향으로 이끈 것이다.

세월호 문학

책에는 이런 소설이 다섯 편 더 있다. 세월호 사건으로 친구와 담임선생님을 잃은 여학생 현진, 세월호의 진상을 파헤치기 위해 국회의원 선거에 뛰어든 개그맨 병대, 희생 학생의 책상을 촬영하는 사진작가 창협, 세월호특조위 조사관, 세월호를 글로 담아내지 못해서 괴로워하는 작가에게 글 쓸 힘을 주는 편집자 소중. 김탁환은 '아름다운 그이는 사람이어라'라고 말한다.

김탁환은 아직 현재진행형인 세월호 사건을 소재로 한 소설을 왜 매년 쓰고 있을까? 2016년 10월 『거짓말이다』로 '요산김정한문학상'을 수상한 김탁환은 수상 소감으로 "끔찍한 불행 앞에서도 인간다움을 잃지 않고 참사의 진상이 무엇인지를 찾는 아름다운 사람들이 보였다. 그들의 목소리와 작은 희망들을 문장으로 옮기고 싶었다"라고 말했다.

문학평론가 김명인은 김탁환이 '세월호 문학'을 열었다
고 했다. 2014년 4월 16일, 그날 이후 많은 작가들이 비통
해했다. 하지만 조사하고 취재하고 행동하면서 써낸 작가
들은 많지 않다. 사실 읽는 것도 힘든 일이었다. 나는 『목
격자들』은 단숨에 읽었다. 분노하면서. 하지만 수십 권을
구입해서 사람들에게 나눠준 『거짓말이다』는 차마 읽어내
지 못했다. 너무 아파서. 마지막 장을 넘기는 데 오랜 시
간이 걸렸다. 그런데 이 책 『아름다운 그이는 사람이어라』
는 분노도 애통도 없이 차분히 읽을 수 있었다. 읽을수록
가슴이 따뜻해졌고 희망이 생겼다. 커다란 슬픔을 견디게
하는 소소한 기쁨의 이야기라는 사실을 확인했다. 사람의
아름다움을 일깨워준 작가 김탁환이 한없이 고맙다.

사랑과 공부는 한순간도 절대
낭비가 아니라는 점에서 비슷하다.

—호프 자런

『랩걸 Lab Girl』, 알마

과학자를 만드는 호기심에 관하여

이지유*

정보를 전달하기 위해 출판된 논픽션은 다양한 서술방식을 사용한다. 백과사전처럼 모든 지식을 단문으로 설명한 것도 있고, 도감처럼 그림을 중심으로 지식을 전달하는 것도 있다. 한 분야의 지식을 좀 더 세분화하고 전문성을 살려 매우

---

* 과학 논픽션 작가. 서울대학교 사범대학 지구과학교육과를 졸업하고 같은 학교 대학원 천문학과에서 석사과정을 수료했으며 공주대학교에서 과학영재교육학 석사학위를 받았다. 중학교 과학 교사, 시민천문대 교육부장을 지냈다. 현재 계간 〈창비 어린이〉 기획위원이며 재미난 과학 글을 쓰고 번역하는 일을 하고 있다. 지은 책으로 『별똥별 아줌마가 들려주는 우주 이야기』, 『별똥별 아줌마 우주로 날아가다』, 『처음 읽는 우주의 역사』, 『내 이름은 파리지옥』, 『처음 읽는 지구의 역사』, 『별똥별 아줌마가 들려주는 지구 이야기』, 『별똥별 아줌마가 들려주는 화산 이야기』, 『숨쉬는 것들의 역사』, 『별똥별 아줌마가 들려주는 몸 이야기』, 『별똥별 아줌마가 들려주는 사막 이야기』, 『펭귄도 사실은 롱다리다!』 등이 있다.

길고 장황하게 설명하는 책도 있는데, 이런 경우 교과서처럼 이미 생산된 지식을 건조하게 전달하는 책도 있고 지식이 생산된 과정에 방점을 찍어 지식의 구조를 알려주는 것을 목적으로 서술한 책도 있다. 나아가 지식을 만들어낸 사람들을 중심으로 정보를 풀어가는 책도 있고 이야기를 좋아하는 호모 사피엔스의 특징을 잘 수용해 스토리텔링의 요소를 좀 더 진하게 넣은 책도 있다. 이와 같이 논픽션은 건조한 서술부터 이야기적 요소가 강한 서술까지 스펙트럼을 형성하고 있으므로 논픽션 책 한 권은 이 스펙트럼의 어딘가에 한자리를 차지한다.

스토리텔링의 요소가 강한 논픽션의 경계를 넘어가면 문학이라 부르는 영역으로 들어가는데, 어느 분야든 이 경계에 아슬아슬하게 걸쳐 있는 책이 있다. 만약 어떤 책이 이 국경 지대에 걸쳐 있으면서 논쟁을 불러일으킨다면 좋은 책일 확률이 크다. 좋지도 않은 책을 두고 논픽션인지, 픽션인지 토론을 벌일 이유가 없지 않은가.

『랩걸』이 바로 그런 책이다. 책이 팔리지 않는다고 아우성을 치는 2017년에 『랩걸』은 더 이상 홍보가 필요치 않을 정도로 많은 사람의 손에 들어갔다. 게다가 책장에 곧 바로 꽂히지 않고 읽혔다. 이 책이 이렇게 인기를 누릴 수 있었던 비결은 크게 세 가지로 볼 수 있는데, 첫째는 드라마틱한 저자의 인생 이야기가 책의 전반을 지배하고 있다는 점이다. 역시 사람들은 이야기를 좋아한다. 둘째는 과학자인 자런과 실험실 테크니션인 빌 사이의 우정이 독자들의 머릿속에 다양한 상상의 씨앗을 심었다는 점이다. 역시 사람들은 사랑 이야기를 좋아한다. 셋째는 저자가 여성 과학자라는 사실이다. 독자들은 이 책을 읽으며 과학 선진국 미국에서도 여성 과학자가 살아남기가 힘들다는 사실을 뼈저리게 느낄 수 있었다. 페미니즘이 전국을 강타한 2017년, 독자들은 여성 과학자의 고군분투기에 푹 빠져들었다.

그런데 『랩걸』은 이와 같은 성공 요소 외에도 흥미롭게 뜯어볼 내용이 많은 책이다. 그 가운데 한 사람을 과학자로 만드는 호기심에 관한 부분을 찾아 파헤쳐보자.

이 책의 구성은 이렇다. 크게 세 개의 부로 구성되어 있고 각 부는 번호가 붙은 장들로 이루어져 있다. 각 장은 식물에 대한 글과 저자의 삶에 대한 글이 번갈아 배치되어 있다. 자연히 홀수 번호가 붙은 장은 식물에 대한 글이

고, 짝수 번호가 붙은 장은 저자의 자전적 이야기가 주를
이룬다.

예를 들어 7장은 식물의 잎에 대한 이야기다. 스스로 당
을 만들 수 있는 우주 유일의 방법, 광합성! 광합성을 발
명해낸 식물은 지구에서 살아가고 있는 거의 모든 동물의
에너지원이며 식물이 없는 지구는 상상조차 할 수 없다.
그와 같은 상황을 저자는 이렇게 설명한다.

> 지금 이 순간에도 우리는 이파리에서 만들어진 당을 연료
> 로 태우며 뇌의 시냅스 안에서 이파리에 관한 생각을 하고
> 있다.

이어지는 8장에서 자런은 팽나무 열매를 분석하는 과
정을 통해 진정한 과학자가 되어가는 과정을 이야기한다.
그다음 9장에서는 식물의 줄기에 관한 이야기가 펼쳐진
다. 2장과 3장에선 이런 구성이 좀 깨져서 식물에 관한 이
야기와 저자의 삶에 관한 이야기가 함께 들어가 있기도
하다.

책의 구성이 이렇다보니 이 책을 읽는 독자들은 두 부류

로 나뉘었다. 첫 번째 부류는 지식 부분만 골라 읽는 사람들이다. 독자들의 표현을 빌자면 "식물에 대한 이야기가 나오는 부분만 골라 읽고 있는 나 자신을 발견했다"고 한다.

결론부터 말하자면 이렇게 읽어도 아무런 문제가 없다. 책은 꼭 처음부터 끝까지 순서대로 읽어야 하는 것은 아니다. 물론 그래야만 하는 책도 있다. 하지만 이 책에서 식물에 대한 정보를 얻고 싶다면 그냥 아무 곳이나 먼저 읽어도 된다. 길이도 짧고 재미있다. 물을 찾아야만 씨앗을 살릴 수 있는 비장한 캐릭터 첫 뿌리, 멀리 떨어져 있지만 완벽하게 같은 유전자를 가진 식물의 미스터리 등은 식물을 새로운 관점에서 보도록 이끈다. 나무의 삶을 예산안에 비유한 글은 또 어떠한가! 이 글들을 읽고 있노라면 시간을 느끼는 감각이 다르고 삶을 꾸려나가는 방식이 달라서 그렇지 인간과 식물은 동등한 생명체라는 생각이 절로 든다.

서너 쪽에 불과한 짧은 글에 식물에 관한 지식이 인생과 사회에 대한 놀라운 통찰로 버무려져 있다. 그 놀라운 글솜씨 덕분에 독자들은 신선한 재미를 느낀다. 저자가 이렇게 글을 쓸 수 있는 비결은 명백하다. 저자는 식물을 식물의 입장에서 본다. 식물을 인간과 동등한 생물로 인식했다는 뜻이다. 자런은 어쩌다 이런 생각을 하게 되었을까? 그것이 궁금하다면 두 번째 부류의 독자가 되는 것도 필요하다. 물론 이미 많은 사람들이 그러고 있지만 말이다.

자런이 '식물을 식물의 입장에서 보아야 한다'는 깨달음을 얻은 사연은 8장에 잘 드러나 있다. 자런은 팽나무 열매가 과거의 날씨를 알려줄 열쇠를 가지고 있다는 가정을 하고 이 작은 열매들을 연구하기 시작했다. 1센티미터도 안 되는 작은 열매를 얇게 저미고 현미경으로 열심히 관찰한 뒤 씨를 싸고 있는 얇은 보호막의 존재를 알아냈다. 팽나무는 나무의 미래인 씨를 보호하기 위해 공기와 물에 녹아 있는 각종 원소를 끌어와 세상에서 가장 튼튼한 보호막을 만들었다. 식물에게 이런 일은 어렵지 않다. 그들은 인간보다 훨씬 오래전부터 화학 실험을 해오지 않았던가. 보호막은 격자와 격자 사이를 채우는 탄소화합물로 이루어져 있었다. 놀랍게도 격자는 바로 오팔이었다. 팽나무는 씨를 보호하기 위해 보석으로 레이스 뜨기 비법을 발명한 것이다.

격자의 성분이 오팔이라는 것을 안 순간 자런은 이렇게 생각했다. '이 가루가 오팔로 만들어졌다는 사실을 아는 것은 무한대로 확장되고 있는 이 우주에 단 한 사람, 나뿐이었다.' 자런은 자신이 아주 특별한 존재라는 것을 알았다. 자런의 내부에서 솟아난 강한 자존감은 추진력을 만들어냈다. 일을 하도록 만드는 것은 남이 주는 칭찬이 아니라 자신의 내부에서 솟아나는 의지다. 그 자발적 의지가 실험을 설계하고 실험에 필요한 예산을 따러 뛰어다니게 만들고 능력 있는 사람을 끌어 모으려 애쓰도록 만든다. 자런은 자신감이 충만한 가운데 장문의 제안서를 썼다. 격자 사이를 채우고 있는 화합물은 그것이 만들어질 때의 기온을 저장하고 있다는 사실을 증명하기 위해 돈이 필요했기 때문이다. 제안서는 심사를 통과해 자런은 연구에 필요한 돈을 얻었다.

하지만 자런의 연구는 마음대로 되지 않았다. 본격적인 연구를 시작하려던 해에, 표본을 채집하려던 지역에 사는 팽나무들이 아무도 열매를 만들지 않기 때문이다. 나무들에게는 열매를 맺는 것보다 더 급한 일이 있었던 것이 분명하다. 팽나무는 지구가 태양을 도는 주기에 맞춰 꽃

피고 열매를 맺는 무심한 존재가 아니었던 것이다. 팽나무에 꽃이 피지 않던 그해 여름 자런은 이런 결심을 했다.

나는 우리가 원하는 세상에 식물이 존재하는 세상이 아니라 식물들의 세계에 우리가 존재한다는 생각에 기초한 환경 과학을 상상해보려고 노력했다.

이와 같은 생각은 논리에 기반을 둔 사고과정을 보수적으로 지키는 과학자 사회에서는 매우 비과학적으로 평가받을 수 있었다. 하지만 자런은 이와 같은 획기적인 설정, 모험적인 설정에 호기심을 가지고 귀를 기울일 사람이 반드시 있을 것이라 믿었다.

호기심, 모든 연구를 시작하게 만드는 방아쇠이자 연구를 이어가게 만드는 탄환! 과학자에게 단 하나의 덕목만을 선택하라고 한다면 아무 미련 없이 호기심을 선택해야 한다. 과학영재 교육학자들은 과학영재들의 공통점이 강한 호기심을 가진 존재라는 데 동의한다. 과학영재들은 평균보다 높은 지능, 창의적 문제해결능력, 매우 강한 과제집착력을 공통적으로 가지고 있는데, 오직 자기가 관심

있는 과제에만 창의력과 과제집착력을 보이며 관심이란 곧 강한 호기심에서 온다는 것이다. 『랩걸』 176쪽에는 다음과 같은 대목이 있다.

> 내가 하는 종류의 과학은 '호기심에 이끌려서 하는 연구'라고 부르기도 한다. 이 말은 내 연구는 시장에 내놓을 수 있는 제품이나 (⋯) 직접적인 물질적 이익으로 이어지지 않는다는 의미다.

과학 연구의 성과가 경제적 성과와 이어져 어떤 이득을 내야 한다고 고집하는 고정관념은 우리나라뿐 아니라 미국에서도 널리 퍼져 있는 모양이다. 그래도 다행스러운 것은 호기심을 푸는 연구에 투자를 하는 것이 과학 발전의 근간을 이룬다는 점을 아는 지구인이 있다는 사실이다.

과거의 날씨를 어떻게 알아낼 수 있을까, 저 흔한 팽나무 열매라면 가능하지 않을까라는 호기심이 있다면 누구나 자런처럼 과학자가 될 가능성이 있다. 자런에게 호기심이 없었다면 지구상의 생물을 모두 동일한 위치에 놓는 인식의 전환을 경험할 수 있었을까? 호기심이 사라진 과학자는 과학자로서의 생명이 끝났다고 볼 수 있지 않을까! 따라서 과학자들이 가지는 호기심에 대해 이해하는 것은 과학자가 생산해낸 과학 지식을 아는 것보다 훨씬 중요하다.

당신에게 그런 호기심이 있다면 당신은 과학이 두렵지 않다. 호기심이 있는 사람은 그것을 풀기 위해 스스로 답을 찾아다닐 것이기 때문이다. 물고기가 아니라 물고기 잡는 법을 가르쳐야 한다는 오래된 격언을 다시 떠올려본다.

이 책은 식물에 대한 지식 그 너머를 보게 만드는 과학 책이다.

도망쳐도 된다고 생각해.

—누카가 미오
『달리기의 맛タスキメシ』, 창비

달리기 + 음식 = 인생

이지유

『달리기의 맛』이라니, 제목이 몹시 흥미롭다. 달리는 멋이나 달리고 싶을 만큼 맛있는 맛이라거나 그런 느낌이 아니다. 가장 큰 근육이 움직여야만 가능한 운동과 눈에도 보이지 않는 작은 감각 기관인 미뢰의 기능을 한데 묶은 제목이잖아! 내용이 너무나도 궁금하다.

육상부는 네가 필요 없어!

소마와 하루마는 형제이고 둘 다 마라톤 선수이며 같은

고등학교에 다닌다.

동생 하루마는 늘 형 소마의 등판을 보고 달린다. 형의 달리는 모습은 누구보다 근사하고 믿음직하고 멋있다. 하지만 일상에서 형의 모습은 찌질함 그 자체다. 하루마는 이렇게 생각한다. '착해 빠지고 우유부단에 요령이라곤 없는, 이쪽[하루마]에서 보고 있자면 짜증이 솟구치는 그런 형의 단점들도 모조리 달리는 것에 대한 대가로 주어져 있는 듯 여겨졌다. 달리고 있을 때의 형은 최강이었다.'

이런 형을 보며 하루마는 언젠가는 형을 따라잡아 추월할 것이라 결심한다.

형 소마는 동생에게 늘 든든한 정신적 지주이자 라이벌이다. 하지만 경기에서 무릎을 다친 후 달리는 대신 요리하는 재미에 푹 빠져 있다. 학교 텃밭에서 갓 수확한 재료로 날마다 따뜻한 음식을 만든다. 맛있게 먹어주는 동생과 아버지 덕분에 소마의 요리 솜씨는 일취월장. 그러는 사이 몸무게가 8킬로그램이나 늘었다. 달리기를 포기한 것이나 마찬가지다.

하루마는 초등학생 입맛을 가지고 있다. 그는 편의점 도시락과 과자, 음료수만으로도 잘 살아간다. 집에 아버지가 있지만 요리는 여자가 할 일이라고 생각하는 구식 사고방식을 가진 남자일 뿐이다. 당연히 아버지는 요리를 하지 않는다. 그동안 집에 요리하는 사람이 없어도 하루마는 잘 살고 있었다. 그런데 형이 달리기를 포기하고 음식을 만들기 시작했다. 하루마는 형의 이런 변화가 마뜩찮다. 3학년이 되면서 점점 더 주부처럼 변해가는 형을 보니 어이가 없다. 그럼에도 불구하고 형이 만들어주는 음식을 먹으면 행복한 것을 부정할 수 없다. 그러면서 한편으론 불편하다. 추월해야 할 대상이 알아서 사라졌는데 기쁘지 않다. 장래가 밝은 마라톤 선수가 고작 무릎 좀 다쳤다고 달리기를 그만두다니, 그건 용납할 수 없다. 절대 그래선 안 된다. 왜냐하면, 형이 그렇게 된 것은 하루마에게 책임이 있기 때문이다.

소마와 하루마는 이바라키현 마라톤 예선에 출전했었다. 구간별로 달리는 선수가 정해져 있는 이 대회에서 동생 하루마는 페이스 조절에 실패해 꼴찌에 가까운 10위로 구간을 통과했다. 천근같이 무거운 다리를 옮기지 못해 쓰러지며 어깨띠를 건네는 순간 다음 주자였던 형은 동생에게만 들리는 작은 소리로 말했다. "괜찮아."

형은 동생이 최선을 다해 달린 것을 알고 있었다. 그리고 형은 앞서 달리는 9명을 등 뒤로 보내기 위해 온몸의 힘을 짜내 달렸다. 무릎은 그때 망가졌다. 인대는 서서히 뼈에서 분리되었고 수술 후 회복된다 해도 예전처럼 달릴 수 없는 사람이 되었다.

부상으로 더 이상 달릴 수 없게 되었지만 형은 한편으론 홀가분하다. 그동안 동생에게 등을 보이며 뛸 수 있었지만 언젠가 입장이 바뀌는 날이 올 것이 분명하다. 그것이 두렵지만 그렇다고 달리기를 접을 수는 없는 일. 이 마음을 들켜서도 안 된다. 그런 복잡한 마음을 품고 재활운동을 하던 어느 날 우연히 요리 동아리를 알게 되었고 음식을 만드는 일에 빠져버렸다. 운동이 아닌 다른 일에 빠진 소마에게 친구는 이렇게 말한다. "육상부는 이제 네가 필요 없다."

그 말 덕분에 소마는 달리기에 묶여 있던 모든 속박을 벗어버리고 요리에 몰두할 수 있었다.

도망쳐도 된다고 생각해!

　소마를 요리의 세계로 이끈 미야코에게도 부모가 있었다. 싸우는 것 말고는 부모에 대한 기억이 없는 미야코. 어느 날 부모가 미야코를 임신한 이야기로 다투는 걸 들어버렸다. 미야코는 이렇게 속으로 이렇게 외쳤다. '그렇게 아이가 방해가 됐으면 낙태를 해버렸으면 좋았잖아! 태어나고 나서 어쩌고저쩌고 불평하지 말라고! 이쪽은 이제 와서 엄마 배 속으로 못 돌아가니까!'

　자기도 모르게 "죽여버려"를 중얼거리며 무엇에 홀린 듯 조리 기구를 노려보고 있던 미야코를 현실 세계로 돌아오게 만든 것은 꽈리고추를 들고 찾아온 동급생 친구였다. 아마도 친구의 엄마는 아들을 염탐꾼으로 보내 날마다 싸워대는 부부의 상황을 살피고 싶었을 거다. 미야코도 그걸 알았다. 왜 사람들은 남의 일에 그렇게 관심이 많은 걸까. 미야코는 생각했다. '이혼한 집이야 얼마든지 있잖아. 사이 나쁜 부모가 있는 아이들도 얼마든지 있고.' 그리고 꽈리고추를 들고 온 친구에게 이렇게 말했다. "나는 별로 친하지도 않은 남들이 불쌍하다, 불쌍하다, 걱정 같은 것 안 해줬으면 좋겠어."

그리고 그 꽈리고추를 볶아 밥과 함께 먹었다. 불행의 늪에 빠진 건 미야코인데 이웃은 원치도 않은 친절을 받아들이라고 강요하고 있었다. 미야코는 타인이 준 일방적이고 제멋대로이며 성가신 동정이 담긴 녹색 꽈리고추를 눈물과 함께 삼켰다. 그것은 슬픔이나 고통의 눈물이 아니라 분노의 눈물이었다.

결국 부모는 이혼했다. 빨리 어른이 될 수밖에 없는 상황에 빠진 미야코는 놀랍게도 요리를 하면서 자신감을 얻는다. 조리할 수 있는 음식이 하나둘 늘어나면서 속으로 기어들었던 목소리는 커졌고 행동은 당당해졌으며 자신감이 생겼다. 음식을 만드는 것은 단순히 혼자 먹고 사는 것을 해결하는 것이 아니라 자존감을 회복하는 과정이었던 것이다. 그렇게 미야코는 성장해가고 있었다.

소마는 미야코와 음식을 만들면서 무엇보다 큰 선물을 받는다. 언젠간 동생에게 뒤처질지 모른다는 불안감을 한 방에 날려줄 그런 선물이다. "도망쳐도 된다고 생각해." 미야코는 친구의 어려움을 한 발짝 뒤에서 볼 수 있는 여유로운 어른이었던 것이다.

우리는, 곧 어른은 아이들에게 역경을 헤치고 당당하게 맞서 나가라고 말한다. 하지만 어른들은 적당히 타협하고 때로는 비굴하게 굴며 심하게는 남을 속이고 나서 문제를 해결했다고 말한다. 위선 덩어리들이다. 모든 문제를 극복할 수는 없다. 피할 수 있으면 피하는 것도 현명한 방법이다. 미야코는 소마에게 그래도 된다는 선언을 해준 것이다. 누구든 그런 친구가 꼭 필요하다.

운 좋게 소마에게는 멋진 어른 친구도 있었다. 바로 담임선생님이다. 학교에서 텃밭을 가꾸는 소마의 담임 미노루. 미노루는 그가 담임이라는 것을 추측하기 어려울 정도로 아이들과 동등한 대화를 이어간다. 그는 아이들 내면의 소리를 듣게 하고 그들이 내린 결정을 인정한다. 그 뒤에 예상치 못한 상황이 발생했을 때는 묵묵히 같이 가준다. 스스로 편하고 이득을 보려고 아이들에게 결정을 강요하지 않는다.

소마가 달리기를 그만두고 싶다고 할 때 담임인 미노루는 그 의견에 아무런 이견을 달지 않는다. "네가 그렇게 정했으면 나는 이러쿵저러쿵 안 할게." 진정한 어른이다.

우리는 모두 성장기

『달리기의 맛』은 달리기를 씨실로, 음식을 날실로 삼아 청소년이 어른으로 성장해가는 과정을 촘촘히 짜나간 성장소설이다.

인간 사이의 갈등을 비유할 드라마를 찾는다면 스포츠가 제격이다. 요즘 청소년들에게 인기 만점인 배구 만화 〈하이큐〉, 화려한 프로 축구 세계의 이면을 보여주는 청소년 소설 『내가 죽었다고 생각해줘』, 6명이 한 조가 되어 힘을 합쳐야만 완주할 수 있는 자전거 경기 이야기 〈겁쟁이 페달〉, 농구에서 인생을 보는 『슬램덩크』 등 스포츠를 소재로 한 다양한 콘텐츠가 있는 이유는 경기 속에 인생이 담겨 있기 때문이다.

상대를 넘어뜨리기 위해 작전을 짜고 가장 짧은 시간에 결승선을 밟기 위해 전략을 세우며 어떤 유혹에도 빠지지 않고 제 페이스를 유지해서 경기를 마치도록 스스로 자제하거나 채찍질해야 한다. 그 결과 경기 한판을 마치면 그만큼 더 자랄 수 있다.

인생을 비유하기에 딱 좋은 또 다른 소재는 요리다. 후

각과 미각, 나아가 시각까지 자극하는 음식은 그 음식과 연관된 다양한 기억의 집합체이며 기억을 화석화시키는 놀라운 저장 장치다. 음식은 추억의 시간으로 데려다주는 타임머신이고 싸우던 사람들을 화해시키는 교섭자다. 인간은 무언가를 끊임없이 먹어야 하는 종속영양생물이므로 자신이 먹을 음식을 스스로 만드는 것은 대단한 자신감을 선사한다.

날마다 무사히 음식을 먹을 수 있다는 것은 평범한 일상을 존중받을 수 있다는 중요한 지표다. 그러니 음식에 관한 책, 영화는 인간이 멸종하지 않는 한 계속 나올 것이다.

이 세상에는 참으로 다양한 환경에 놓인 가족이 있고 그들에겐 다양한 조건이 주어지며 선택의 순간이 왔을 때 어떤 결정을 하느냐에 따라 매번 다른 장이 펼쳐진다. 이런 이유로 지금까지 그렇게 많은 성장소설이 나왔지만 아직도 새로운 소설이 나오고 있는 것이 아닐까. 나이를 먹고 몸이 다 자랐다고, 대학을 졸업하고 직장에 다니고 결혼을 하고 아이를 낳았다고, 다 어른은 아니다.

자기 자신을 있는 그대로 받아들일 준비가 되어 있는가? 나 자신과 솔직하게 대면할 수 있는가? 이런 질문에 답을 할 수 없다면 나이에 상관없이 당신은 아직 성장기 청소년이다.

자, 그럼 분노의 꽈리고추를 먹고 한판 달려볼까.

우리의 가장 큰 적은

언제나 기생생물이었다.

─캐슬린 매콜리프

『숙주인간This Is Your Brain on Parasites』, 이와우

「숙주인간」

수용과 거부 사이

정경숙*

2017년 여름은 유난히 길고 무더웠다. 최고 기온을 가리키는 숫자는 매일 더 커지고, 열대야로 잠을 설치고 일어나면 80, 90퍼센트를 넘나드는 습도가 찰싹 달라붙으며 맞이했다. 습관적으로 냉장고 문을 열었다 닫기를 반복하는 사이, 도둑처럼 스며들어간 열기와 습도는 음식물에 숨죽이고 바짝 들러붙어 있던 미생물(세균)들을 두들겨 깨워 '광란의 파

---

* 연세대학교 천문기상학과를 졸업하고 독일 베를린공과대학 물리학과에서 천체물리로 박사학위를 받았다. 독일 항공우주연구소와 프랑스 국립천문대, 서울대학교, 한국천문연구원에서 재직했고, 2012 국제천문올림피아드 사무국장을 역임했다. 별의 진화과정 중 나이 든 별인 만기형 항성 주변에서 먼지 형성이 별의 질량 손실과 진화에 미치는 영향에 대한 연구를 하고 있다.

티'로 향하는 프리패스를 쥐어줬다. 장염이었다. 이미 들어와 인간과 조화로운 평화협정을 맺고 살고 있던 장내 미생물들을 밀어내고 새롭게 정착하려는 해로운 미생물은 급기야 숙주의 기력을 떨어뜨려 그 세력을 키우려 했다. 숙주를 차지하려는 미생물 간의 전쟁인 것이다. 우리 몸의 70% 정도가 수분이라는 사실을 직접 목격할 수 있는 기회를 얻자마자, 한쪽 팔에는 영양제, 수액, 항생제를 비롯한 이런저런 약물을 넣는 줄이 주렁주렁 달리고, 다른 쪽 팔에는 혈압과 심장박동 측정기기의 전선들이 매달렸다. 한 달 내내 항생제를 먹고 나니, 그나마 근육이라고 여겨지던, 혹은 일컬어지던 부분들이 사라지기 시작했다. 근육이 줄어들자 체온이 제대로 유지되지 않았고 체력은 급격하게 방전되었다. 한여름 날씨와 맞먹는 더위가 맹위를 떨치던 9월의 어느 날 오후, 두터운 이불을 둘러쓰고 앉아, 장내 세균과 항생제, 근육과 체온 유지에 대한 호기심에서 시작된 책 찾기는 의학사전, 약학사전에서 시작해 『전염병의 문화사』(아노 카렌, 사이언스북스, 2001)를 비롯한 몇몇 책들을 거쳐 『숙주인간』에 이르렀다.

친절해 보이는 이 책의 첫 장을 펼치자마자 느닷없이 나오는 작가의 주장은, 처음엔 사람을 당황시키고, 샛눈을 뜨고 의심부터 하게 만든다. 우리의 '자유의지'는 어쩌면 우리 스스로가 결정한 것이 아니라는 것이 저자의 주장이다. 우리의 생각을 조종하는 존재는 바로 우리 몸속에 있다. 우리 몸속에 기생하는 수많은 미생물, 바로 이들의 영향을 받아 우리의 생각이 조종될 수 있다는 것이다. 만일 미생물이 우리의 마음을 조종할 수 있다면 그렇게 조종당한 마음에서 비롯된 행동을 과연 우리의 책임이라고 할 수 있을까? 기생생물이 우리의 '자유의지'를 조종하고 있다면 과연 인간의 정체성을 어디까지로 정의할 수 있을까? 이것은 우리의 도덕적 가치와 문화 규범에 어떤 영향을 미칠까? 끊임없이 날아오는 질문에 파묻혀 고개를 갸우뚱거리며 여전히 의심의 눈초리로 책장을 넘기다보면 자신도 모르게, 다음 모퉁이를 돌면 어떤 일이 벌어질지 알 수 없는 미로 속으로 성큼성큼 들어가고 있고, 다양한 가설과 그를 증명하기 위해 진행되는 별나고 다양한 실험 방법, 분석과 비교 과정들이 씨실과 날실로 엮이며 마치 한 편의 과학 논문을 추리소설 버전으로 읽는 것처럼 흥미진진한 결론에 도달한다. 그리고 그 결론은 가히 충격적이다. 물론 새롭게 발표된 과학 논문이 받아들여지기까지 치열한 검증과 확인 작업이 반복되어야 하는 것처럼 위에서 쏟아져 나온 질문들에 대한 다양한 접근(실험) 방법과 결론들은 여전히 물음표와 느낌표 사이를 격렬하게 왔다 갔다 한다.

새로운 과학 연구의 시작은 간단명료하다. 지금까지 일반적으로 받아들여진 법칙이나 이론들에서 벗어나는 몇몇 경우를 이해하려는 질문에서 시작한다. 왜, 그리고 어떤 조건에서 그럴까? 하지만 이것은 내용 면에서 보자면 전통적 사고방식 혹은 기존에 확립되어 있는 이론들과의 격렬한 충돌을 의미한다.

작가의 집필 계기가 된 고양이에게 돌진하는 쥐의 예를 들어보자. 일반적으로 쥐는 자신의 천적인 고양이를 피해 다닌다. 그런데, 톡소 플라즈마라는 단세포 기생생물에 감염된 쥐들은 고양이 눈앞에서 얼쩡거리다가 결국엔 고양이 아가리로 기꺼이 돌진한다. 힘들이지 않고 쥐를 잡은 고양이 입장에서야 커다란 횡재이지만, 기꺼이 숙주인 쥐를 죽이면서까지 고양이 뱃속으로 들어간 기생생물은 어떤 이득을 보는 것일까? 쥐의 몸속에 있던 이 기생생물은 고양이 몸속에서만 다음 단계의 생식 주기로 전환할 수 있다. 쥐 안에 계속 머물러 있으면 꼼짝없이 죽게 생겼고, 스스로 고양이 뱃속으로 들어갈 수는 없는 노릇이니 갖은 노력을 다해 쥐를 움직여 고양이 뱃속으로 들어가게 만들어야만 하는 절박한 상황이다. 그렇다면 톡소 플라즈마는 어떻게 쥐의 일반적인 행동을 변화시키는 걸까? 톡소 플라즈마는 쥐의 신경회로를 건드려 위험상황에 둔감해지게 하고 천적인 고양이가 나타나도 허겁지겁 도망가지 않는 이상행동을 하게 만든다. 이 톡소 플라즈마가 행동 변화를 일으키는 동물은 쥐뿐만이 아니다. 톡소 플라즈마에 감염된 인간은 위험에 대해 무감각에 견줄 만한 반응을 보인다. 그렇다면 쥐의 신경회로를 건드려 행동 양식을 변화시킨 톡소 플라즈마가 인간에게도 같은 방식으로 작용해서 행동(반응)을 '조종'하는 것일까?

과학은 본질적으로 환원적이다(reductive). 과학의 기본 기풍은 쉽게 답을 얻기 어려운 큰 문제를, 공략하기 쉬운 작은 문제들로 나누는 것에 있다. 작게 나뉜 문제들의 연관성을 종합하는 것은 물론 통찰을 필요로 한다. 인간을 숙주로 삼는 기생생물들이 인체에 미치는 영향을 알아보기 위해 기생생물이 숙주의 행동을 변화시키는 조종에 대한 다양한 연구들이 수행되었다. 일종의 '마인드 컨트롤'을 통해 숙주에게 경호원, 베이비시터, 난로, 하인 등의 역할을 주며 부려먹는 기생생물들에 대한 각각의 연구 사례들은 마치 미스터리, 스릴러, 공포, 치정과 같이 제각각의 장르소설을 읽는 것처럼 흥미진진하다.

흡충은 숙주인 개미가 밤마다 풀잎 끝에 매달리며 양에게 먹히기 위해 안간힘을 쓰게 만들고, 킬리피쉬가 밝은 색의 배 쪽이 드러나도록 몸을 뒤집어 최종 숙주의 눈에 띄어 잡아먹히게 만든다. 근육에 손상을 가하는 기생생물에 감염된 귀뚜라미는 움직임이 굼떠서 닭에게 잡아먹히며 기생생물의 이동수단 역할을 다하게 된다. 레우코클로리디움이라는 편형동물은 달팽이의 눈자루 형태를 변화시켜 새의 눈에 잘 띄어 잡아먹히게 한 후, 다음 단계의 생애 주기를 갖는다. 심지어 기생말벌은 자신의 새끼를 위한 집을 짓도록 거미의 뇌를 조종해 좀비로 만들어버린다. 쥐며느리를 숙주로 삼는 구두충은 쥐며느리가 찌르레기에게 잘 잡아먹히도록 행동을 유도한다. 이처럼 기생생물은 숙주의 일반적인 습성을 바꿔놓음으로써 숙주가 포식자에게 훨씬 매력적인 먹잇감으로 보이게 만들고 기생생물의 번식과 생존에 이로운 행동을 유도하며 숙주를 바꾸는 데 성공한다. 리처드 도킨스는 『확장된 표현형』에서 이러한 기생생물조작(parasitic manipulation)을 자신의 유전자를 전파하기 위해 숙주의 행동을 변화시키는 기생생물에게 유리하게 작용하는 자연선택의 한 사례로 언급한다.

기생생물과 숙주는 수십억 년간 치열하게 경쟁해왔다. 생명체의 크기와 복잡성이 증가하면서 자연선택은 숙주의 방어기제를 가장 잘 피하는 기생생물과 기생생물에 잘 대항하는 숙주만 남겨두었다. 기생생물은 강력한 방어기제를 가진 숙주에 비해 수적인 면에서 우위를 차지하고 번식 속도 역시 매우 빨라서 우성 돌연변이가 나올 가능성 역시 높다. 더구나 한 숙주를 조종해서 다음 숙주로 이동하며 자신의 종을 전파하는 데 유리한 쪽으로 숙주의 행동을 조작하는 방법을 찾아내기라도 한다면 번식 활동은 더더욱 가속된다. 이처럼 기생생물은 조작을 통해 숙주인 인간의 행동에도 영향을 끼친다. 독감 바이러스가 잘 전파되는 잠복기에 사람을 더 자주 만나게 만들고, 단순포진이 천골신경절(sacral ganglia)에 자리를 잡으면 성적

활동을 증가시킨다고 한다. 광견병 바이러스 역시 감염된 인간이나 동물의 행동을 조종해서 더욱더 효과적인 전파를 시도한다. 재미있는 것은 광견병 증상으로 나타나는 물에 대한 공포와 햇빛에 대한 과민 반응, 그리고 성적 활동의 증가, 깨무는 증상 등이 회자되는 뱀파이어의 특성과 일치한다는 것이다.

기생생물이 숙주의 행동을 조작하는 것에 대항해서 숙주 역시 강력한 심리적 방어기제인 '행동형 면역계(behavioral immune system)'를 발달시켰다. 감염 위기에 처한 생명체는 그 위험을 낮추기 위해 기존의 방어기제 방식을 더욱 발전시킨다. 숙주인 인간 또한 기생생물에 저항하도록 진화했다. 감염이 되면 체열을 높여 기생생물에게 열악한 환경을 만들어 퇴치하고, 만사 귀찮아져서 혼자 있으려는 경향은 전염 가능성을 낮추려는 대응 기전이다.

숙주는 진화 속도가 느려서 기생생물의 공격 전술에 일일이 대응할 수 없기 때문에 생존 가능성을 최대로 끌어올려주는 효과적인 특성을 획득해야 했다. 바로 감염원에 역겨움을 느끼게 하는 것이다. 그런데, 인간의 행동형 방어기제는 보다 추상적이고 상징적인 사고방식과 연계된

듯하다. 감염에 대한 거부 반응은 심리적 방어기제를 거쳐 학습과 문화적 전통을 통해 사회적 방어기제로 변화하기도 한다. 정치적 신념, 성적 취향, 사회적 금기를 깨는 사람들을 향한 혐오 등은 감염 원인과는 상관없어 보이지만 부분적으로는 전염을 피하려는 무의식적인 방어기제에서 시작되었다고 여겨진다. 썩은 냄새, 비위생적인 환경, 감염성 질환의 위협을 떠올려주는 사진을 보여주면 외국인이나 이방인에 대한 편견이 더 심해진다는 연구 사례를 예로 든다. 감염에 대한 두려움이 그 근원일 수 있다는 주장이다. 구토, 역겨움과 같은 혐오 반응도 감염을 예방하기 위한 기전이 진화 과정에서 내재된 것일 가능성이 높다.

2005년 초고속 유전자 염기서열 분석기기를 이용해서 대규모로 진행된 체내 미생물 분포 프로젝트에 의하면 인체 내 유기체는 바이러스, 세균, 곰팡이, 원생생물과 다양한 유기체 등으로 그 수는 100조 개를 넘는다. 이는 우리 몸을 구성하는 세포의 수가 약 37조 개인 것과 비교하면 무려 3배에 달하는 어마어마한 양이다. 수백 종 이상의 인체 미생물은 인간 유전자 약 23,000개보다 100배 이상 많은, 수백만 개의 유전물질의 양을 가지고 숙주인 인체와 상호작용하고 있으니 우리 몸의 90%는 우리가 아닌 셈이다.

기생생물들인 장내 미생물은 다양한 물질들을 만드는데 세로토닌, 감마 아미노뷰티르산 등과 같은 신경전달물질은 사람의 기분(걱정, 우울, 스트레스 반응 등)을 조절하는 생리기능에 관여하고 기억력과 학습 같은 뇌 활동에 영향을 주기도 한다. 장내에서 미주신경을 통해 뇌로 그 정보를 전달하기 때문에 인간의 정신활동이, 그리고 나아가 인간의 활동이 체내에 살고 있는 기생생물의 생산물에 의해 영향을 받고 있다는 것이다. 숙주인 인간이 섭취하는 영양분으로 기생하는 것으로 여겨졌지만, 섭취한 음식물의 흡수나 외부에서 침입한 해로운 미생물에 대한 1차 방어선 구축을 통해 인체의 항상성 유지나 감염 방지 등에 영향을 미치며, 숙주의 생존이 곧 자신의 생존과 직결되는 운명공동체로 진화했다.

기생생물은 자신의 번식을 위해 숙주와 손을 잡고 공생을 모색하기도 하고 잔혹하게 이용하기도 하며, 가차 없이 제거하기도 한다. 기생생물의 전파방법을 이해하고 그

엄청난 위협에 대응할 힘과 통찰력을 얻는다면 우리를 두려움에 떨게 하는 감염원의 전파를 차단할 혁신적인 방법을 찾을 수 있다. 아직은 낯선, 신경기생생물학이란 학문의 발견 덕분에 기생생물과 연관되어 있을 거라고 생각해보지 못했던 정신질환의 근본 원인을 파악해서 예방법과 치료법을 발견할 수 있으리라는 희망도 있다. 이 과정에서 드러나는 숙주인간이 자연 속에서 차지하고 있는 위치에 대한 생각이 자못 깊어지는 순간이다.

모든 시대의 예술가는

그 당시 시대와 문화의 산물이다.

—안휘경, 제시카 체라시

『현대미술은 처음인데요Who's Afraid of Contemporary Art?』, 행성B

현대미술에 주목해야 하는 이유

정경숙

"○○은 처음인데요"라며 자신의 상태를 직접 고백하는 것은 사실 쉽지 않은 일이다. "에이, 그것도 몰라?"라며 비웃음을 당할 수도 있고, "이 정도도 모르는 당신을 어떻게 하죠?"라고 말하는 듯한 눈빛이 돌아올까, 그래서 혹시나 어렵게 쌓아올린 신뢰나 존경을 잃어버리는 것은 아닐까 겁을 내기도 한다. 아침마다 폭우처럼 쏟아져 나오는, 세상에 대한 복잡한 정보는 머리끝을 넘어서서 허우적거리게 만들고, 오늘 배운 것이 변덕스러운 내일도 유효할지 알 수 없는 불안함 속에서 모호한 관계에 있는 상대방에게 자신의 상태에 대한 정보를 무한 해제하는 한마디는 감히 내뱉을 수 있는 손쉬운 말은 아니다. 그래서 모른다고 말하기가 힘들어 괜스레 아는 척을 해버리면 기어이 밑천이 드러나고 망신을 당할 수도 있다. 그러니 잘 알지 못한다는 사실을 담담히 인정하는 이 책의 제목은 신선하기도 하지만 사실 무모해 보이기도 한다. 처음이라고 고백하는 일은 사랑한다는 고백만큼이나 어려운 일이기 때문이다. 안휘경과 제시카 체라시가 쓴『현대미술은 처음인데요』는 모든 걸 알아야 하고, 다 잘해야 한다고 말하는 사회에 무심히 한발 앞으로 나서며 이제 그저 그 일에 대한 관심과 사랑을 표현하며 그 자체를 즐기고 싶다는 고백이기도 하다.

현대미술을 처음 접하는 사람들 대부분이 하는 말은 '어렵다', '당혹스럽다', '잘 모르겠다'와 같다. 그리고 입을 꾹 다문다. 영화나 음악에 대한 이야기는 자연스럽게 꺼내면서 유독 현대미술에 대한 이야기는 쉽게 대화 주제가 되지 못하고 난공불락의 요새처럼 멀리 서 있는 주제로 전락한다. 현대미술이 풍요로운 수확을 거두기 이전 시기에 대해 에른스트 곰브리치는『서양미술사』(2002/2017, 예경)에 일목요연하게 정리해놓았다. 미술사에 관한 한 가히 걸작이라 할 만하다. 하지만 주로 시대와 작가, 작품과 그

배경, 개념과 의미 등에 대한 설명과 도판을 연대기적으로 나열하는 방식을 택한 곰브리치의 책에서 간단히 언급하고 마무리한 현대미술은 비 온 뒤 여기저기서 거침없이 자라나는 죽순처럼 분야도, 장르도, 개념도, 작가도, 표현 도구나 방식도 제각각으로 다양하고 기발하다. 현대미술은 접근하기 어려운 미로가 되어버린다. 이쯤 되면 친절하게 안내해주는 지도가 필요하다. 『현대미술은 처음인데요』는 앞부분만 열두 번 읽고 덮어버리고 마는 책이 아니라 현대미술이라는 새로운 벌판에 들어설 용기를 주는 입문서다. 큐레이터로 일하는 두 저자들이 자주 들었던 질문들을 뽑아 A부터 Z까지 26가지 내용으로 정리했다. 각각의 알파벳으로 시작하는 문장은 현대미술에 대해 낯설게 느끼는 우리가 갖고 있는 의문점, 배경, 접근 방법, 역할 등등을 소개한다. 현대미술을 처음 접하는 사람들 혹은 어려워하는 사람들에게 "느끼는 대로야! 즐겨!"라는 인사말을 건네는 식이다.

작가와 작품에 대한 이야기뿐만 아니라 저자들의 직업적 관점이 고스란히 녹아든 미술관 이야기, 큐레이터·딜러·갤러리의 역할 이야기, 예술학교 학생들이 예술가로

거듭나는 과정에 대한 이야기, 작품의 비싼 가격에 관한 이야기도 차분하게 엮어낸다. 현대미술과 큐레이팅, 미술관과 미술(아트) 비즈니스 등에 대한 이야기를 쉽고 간단하게 그리고 흥미롭게 풀어놓았다. 차례대로 읽지 않아도 된다. 주제나 기분에 따라 내키는 대로 해당 부분을 찾아가 읽으면 된다. 입문하는 사람들이 갖는 두려움과 낯섦을 이해하고 친절한 길잡이 역할을 해준다.

사실 현대미술 작가와 작품에 대한 세세한 내용을 더 자세하게 알고 싶다면 윌 곰퍼츠의 『발칙한 현대미술사』(알에이치코리아, 2014)를 읽어볼 수도 있다. 현대미술이 어떻게 시작되었는지, 어떻게 영향을 주고받으며 발전해나갔는지, 작가와 작품의 탄생 배경과 의미는 무엇인지 등에 대해 상세하고 재미있게 설명한다. 하지만 여전히 무수한 나무의 수에 가려 숲을 보지 못하고 압도당하는 느낌을 갖게 된다면 한발 뒤로 물러나 전체를 조망하는 것이 필요하다. 『현대미술은 처음인데요』는 입문서로서의 역할을 충실히 제공한다. 현대미술을 접하며 겪게 되는 어려움이나 개념, 큐레이터와 갤러리의 역할, 현대미술에 대한 철학적 관점까지 현대미술을 총체적으로 이해할 수 있는 다양한 설명들에 더해 굳이 이런 것까지 알아야 하는가란 생각이 드는 다양한 관점에 대한 소개도 있다.

정교하게 갈고 닦은 선과 형태를 다루는 솜씨와 기술, 대가의 기교까지 합쳐져야 감탄하고 감상할 만한 미술이라고 여겨오던 우리의 미술에 대한 고정관념에 던지는 도발과 동시대 사회의 다양한 모습을 담아내며 생존의 밧줄 위에서 아슬아슬 앞으로 나아가며 균형을 이루려 안간힘을 쓰고 있는 것이 현대미술의 자화상이다. '기괴'하거나 나도 저 정도는 하겠다라는 생각이 들 만큼 '조잡'해 보이는, 뜬금없이 설정된 장치 같은 현대미술 작품을 보고 언짢아하는 경우는 바로 이런 고정관념 속에 존재하는 '장인', '대가'의 솜씨를 기대하기 때문이다. 마치 어린아이가 휘갈겨놓은 낙서 같은 작품으로 유명한 사이 트웜블리(Cy Twombly), 대량생산된 변기에 사인을 한 〈샘〉과 같이 기성품을 활용한 레디메이드 오브제로 기존의 회화 형식을 파기한 마르셀 뒤샹, 자신의 똥을 30그램씩 정량으로 넣은 90개의 통조림을 제작해 각각의 에디션 넘버를 붙인 뒤 진품임을 보증하는 서명을 적어 〈예술가의 똥〉이란 이름으로 시장에 내놓았던 피에로 만초니, 이들의 작품 앞에서 우리가 갖게 되는 당혹감이 바로 그것이다. 이 당혹감은 기존의 표현 방식에 도전하는 현대미술을 바라보는 우리의 일상적인 관점인 것이다. 너무 어렵거나 터무니없어 무시하거나 아니면 그 사이 어디쯤에 뒤엉킨 생각의 줄기를 끌어내려 애쓰고 있다. 하지만 현대미술을 비롯한 예술은 기존의 방식에 저항하며 끊임없이 문제 제기를 하고 현상을 이해하려는 인간의 본능적 욕구를 즉각적으로 표출하는 행위다. 이 욕구가 예술가들을 매혹하고 영감을 갖게 하는 동력이다. 예술가들은 자신의 일부와 마찬가지인 작품을 세상에 내놓으며 사랑을 받을 수도 있고 뭇매를 맞을 수도 있다. 예술가들이 그 불확실한 상황으로 기꺼이 자신을 내모는 이유는 고뇌에 찬 창작 활동을 통해 주목할 가치가 있다고 여기는 것을 처연히 주장하는 일이기도 하다. 예술을 한다는 것은 마치 실패에 대한 두려움도 보상에 대한 기대도 없이 끝이 어디인지 모르는 길을 떠나는 여행과 같다. 우리에게 이런 예술가들이 있는 것은 아주 큰 축복이다.

현대미술의 출발점으로 여겨지는 후기 인상파는 사실 광학의 발달과 함께 등장한 사진기법에 대한 위기감으로 단순한 시각적 재현이라는 감각적 외피를 벗어던지고, 내부의 주관적 표현과 감각적 인식을 뛰어넘는 본질적 구조를 파악하기 위해 갖은 애를 쓰며 치열한 전통의 파괴 작업과 함께 탄생되었다. 21세기 한가운데 예술가들의 고민은 후기 인상파 시대 창작자들의 태도와 크게 다르지 않다.

버려진 병뚜껑 수천 개를 활용하여 작품을 만든 가나 태생 미술가 엘 아나츄이의 작품은 작가가 설치 방법을 정하지 않아 설치 장소에 따라 형태가 달라질 수도 있는 우연성을 가진 작품이다. 장소에 따라 형태가 달라지고, 자신이 속한 사회, 환경과 소통하며 자유로이 변화하는 그의 작품은 현대미술의 전형이다.

천안문 사태 이후 급격한 사회 변화로 인한 개인적 혼란을 풍자적이고 냉소적으로 보여주는 웨민쥔의 '웃음 시리즈'는 감은 눈과 이빨을 드러낸 과장 속에서도 기쁨이 드러나지 않는다. 겹겹의 천을 통해 집 속의 집을 표현하며 공간과 관계에 대한 애착과 문화적 뒤섞임을 드러내는 서도호의 집들은 노마드처럼 세상 속을 방랑한다.

창작의 고뇌 속에 불행한 일생을 보내기도 했던 예술가들은 변화하는 사회 속에서, 혼란스러운 인식의 요구 속에서 고정관념을 깨뜨릴 수 있는 단초를 마련하고자 노력하며 새로움과 행복을 추구하고, 자유와 희망을 꿈꾼 것이다. 지금 이 순간, 여전히 크고 작은 창작의 고통 속에서 그들이 살아가는 사회를 안고 품고 가는 예술가들의 '반항적' 작품 행위는 여전히 우리를 당황시킨다. 예술에 대한 인식은 사회가 변하듯이, 가치관과 현실이 변하듯이 함께 변화한다. 한 세대나 사회에게는 하찮게 여겨지던 것이 다른 세대나 사회에선 예상치 못했던 의미를 가져다줄 수도 있다. 그러니 '이거 예술 맞아?'라는 질문보다는 '이게 어떤 점에서 의미가 있지?'라고 관점을 달리해보는 것은 어떨까? 이제 해석하고 분석하기보다는 느껴보자.

행복한 균형은 없었다.

그저 해내겠다는 의지뿐이었다.

—나탈리아 홀트

『로켓 걸스Rise Of The Rocket Girls』, 알마

우주를 사랑했던
위대한 그녀들을 향한 헌사

황정아*

2017년에 〈히든피겨스〉라는 영화가 국내에 개봉했다. 천부적인 수학 능력을 갖고 있던 흑인 여성들이, 인종차별이 극심했던 1960년대 미국 사회, 그것도 NASA의 우주 프로젝트에서 중요한 역할을 했던 실화를 바탕으로, 유쾌하고 재미있게 화면을 구성하여 주목을 받았었다. 미국과 러시아의 치열한 우주 개발 경쟁으로 보이지 않는 전쟁이 한창 벌

* KAIST 물리학과를 졸업하고 같은 학교 대학원에서 우리별 위성 시리즈의 네 번째 위성인 과학기술위성 1호에 실린 우주물리 탑재체 개발로 석사학위를, 지구 방사능 벨트의 생성 원리 연구로 박사학위를 받았다. 현재 한국천문연구원 책임연구원으로 재직 중이다. 우주방사선 예측 모델 개발 등을 연구하고 있으며 최근 방사선대의 생성과 지속을 가능하게 하는 원리에 대한 단서를 찾아냈다. 지은 책으로『우주 날씨를 말씀 드리겠습니다』가 있다.

어지고 있던 그 시절에, 천부적인 두뇌와 재능을 가진 그녀들이 NASA 최초의 우주궤도 비행 프로젝트에 선발된다. 하지만 흑인이라는 이유로 800m 떨어진 유색인종 전용 화장실을 사용해야 하고, 여자라는 이유로 중요한 회의에 참석할 수 없으며, 공용 커피포트조차 용납되지 않는 따가운 시선에 점점 지쳐간다. "천재성에는 인종이 없고, 강인함에는 남녀가 없으며, 용기에는 한계가 없다"는 영화 홍보문구처럼 이 영화는 인종차별에 성차별의 문제까지 두 개의 중요한 화두를 뒤섞어서 더 강렬하게 대중을 자극했다. 나는 이 영화의 국내 개봉을 앞두고 시사회에 초대받아서 이동진 영화평론가와 함께 관객과의 대화에 나선 적이 있었다. 그때 받았던 질문 중 하나는 이 영화를 보면서 여성 과학자로서 받은 느낌에 대한 것이었다. 영화를 보고 내가 느낀 점을 사실대로 이야기하자면, 영화는 영화적인 재미를 위해서 만들어낸 환상일 뿐 실제 여성 과학자의 삶은 절대로 저렇게 즐겁고 발랄하지 않다는 점이었다. 오히려 영화와는 정반대로 매일의 일상을 위태롭게 지탱하며 간신히 버텨나가고 있을 뿐이라고 담담하게 대답했던 기억이 난다.

그에 반해 이 책 『로켓 걸스 ― 인간 컴퓨터라 불린 여인들』은 정말 제대로 된 현실을 이야기한다. 실제로 NASA JPL(제트추진연구소)에서 근무했던 여성들의 인터뷰를 기반으로 구성된 내용인 만큼, 1940년대부터 오늘날에 이르기까지 JPL 내에서 여성들의 역할과 그들의 삶을 사실적으로 기술한다. 더불어 남성 위주로만 기술되어온 인류의 우주 탐사 역사 속에서 가려졌던 수많은 여성 과학자들의 역할과 절대적인 헌신, 공헌을 제대로 짚어내고 있는 책이다. 독자가 이 책에서 얻을 수 있는 소득을 요약하자면 크게 두 가지다. 억울하지만 용감하고 열정적이었던 그녀들의 삶에 대한 무거운 공감과 연민이 첫 번째이고, 인류의 우주 탐사 역사에서 유명하지만 잘 알려지지 않았던 소소한 뒷이야기들을 알아가는 즐거움이 두 번째이다.

1940년대, 미국 내 신설 연구소인 JPL은 로켓의 속도를 계산하고 궤적을 계산해줄 수학자를 모집하고, 대학을 졸업한 남성들 대신 학력 조건 없이 수학에 재능이 있는 여성들을 선택한다. 그렇게 새로운 젊은 여자 엘리트 집단이 JPL에 탄생했다. 수학을 즐겨하는 여성들은 그 이전에는 어디에도 쓸모가 없었다. 기계 컴퓨터 시대 이전에 인간 컴퓨터로 불린 그들은 수많은 인공위성 개발에 참여하며 달, 화성, 금성, 토성 등의 태양계 행성 탐사를 가능하게 했다. 1700년대의 천문학자들은 이 인간 컴퓨터를 활용해 헬리 혜성의 귀환을 예견하기도 했다. 제1차 세계대전 때는 많은 남녀 집단이 탄도 컴퓨터로서 일하며 전장에서 쏘는 라이플총, 기관총, 박격포의 사거리를 계산했다. 현재에도 그렇지만 우주 기술은 항상 군사적 목적으로 사용될 가능성을 내포하고 있다. 애초에 JPL도 육군 소속으로, 군의 재정 지원이 아니었으면 JPL은 처음부터 존재하지 못했을지도 모른다.

책을 읽어나가면서 여러 군데에서 울컥했다. 여성 컴퓨터들이 수학적 전문성에도 불구하고 여성성을 강조하는 미녀대회에 매년 나가야 하는 장면이 그랬다. 이 장면에서 최근 불거진 한림대학교성심병원과 대구가톨릭대학교병원 간호사들의 어처구니없는 일화들이 겹쳐졌다. 매년 간호사들이 야한 의상을 입고 연말 장기자랑대회에서 선정적인 춤을 추도록 반강제적으로 강요당했던 사건들이다. 또 다른 황당한 장면은 입사한 지 10년이나 되는 팀장급의 경력을 갖춘 주인공 바버라가 임신 8개월이 넘어가면서, 자신의 주차장 자리를 좀 더 사무실에 가까운 위치로 옮겨 달라는 전화를 걸자마자 바로 가차 없이 해고당하는 순간이다. 그런 선례들 때문에 JPL에서 자신의 일을 지속하고 싶은 여성 컴퓨터들은 가능한 한 임신 사실을 숨기고 연차, 병가를 사용해서 아이를 출산한 이후에 가능한 한 빨리 일터로 복귀해야만 했다.

여성들이 결혼과 출산 이후에도 자신의 경력을 지속하고 싶다면 첫 번째로 해결해야 할 문제가 바로 육아와 가사, 집안일 문제다. 책에 나오는 많은 여성 컴퓨터들 중에 극히 일부만 직장과 가정 모두에서 유능하게 자리를 잡아 살아남고(?), 대다수는 둘 중 어느 하나에서는 실패한다. 대개는 결혼생활을 실패로 끝내고 만다. 집에 들어오면 손 하나 까딱하지 않는 남편을 만난 여성 컴퓨터들은 대부분 중도에 결혼생활을 포기했다. (하지만 그 당시 대부분의 '보통' 남성들이 그랬다. 대다수의 오늘날 한국 남자들이 그런 것처럼.) 일–가정을 모두 제대로 유지하기에 JPL에서의 작업 강도는 결코 녹록하지 않았다. 여성 컴퓨터들이 직장에서 자신의 일을 제대로 해내기 위해서는 집에서의 도움이 절대적으로 필요했다. 따라서 그들은 믿을 수 있는 친인척을 수소문하고, 보모들을 구하기 위해서 고군분투했다. 1960년대 미국 사회에서 일어난 일이지만, 2017년 대한민국에서도 똑같은 일이 여전히 현재진행형으로 일어나고 있으니 참 아이러니한 일이 아닐 수 없다. 나부터도 아이 셋을 낳아 기르면서 연구원 생활을 지속하기 위해서 시부모님, 친정 부모님, 남편 할 것 없이 받을 수 있는 도움은 모두 끌어다 사용하고 있는데도 불구하고 일 — 가정의 균형 잡힌 일상을 유지하는 것은 여전히 버겁기만 하다. 시간이 갈수록 익숙하고 편해져야 하는데, 내가 언제까지 이 위태로운 생활을 버틸 수 있을까 하는 일상의 무거움이 나를 짓눌러올 때가 한두 번이 아니다.

물리학을 전공하고, 인공위성을 개발하는 일을 하면서 조직 내에서 홍일점이 되는 일이 많았다. 남자들에게 둘러싸인 삶을 살아오면서 내가 버텨올 수 있었던 나름의 요령이라면, 되도록 여성이라는 티를 내지 않는 것(여기에는 힘들거나 약한 티를 내면 안 되는 조건이 포함된다), 되도록 튀는 행동을 하지 않는 것 등이었다. 내가 선택한 물리학과에서 여성은 극소수였기 때문에 대학원생이었을 때도, 직업이 우주과학자인 지금도 주어진 일을 잘해내도, 잘해내지 못해도 항상 먼저 주목을 받는다. 그래서 오히려 여성성을 드러내지 않는 것이 미덕이라고 생각해왔고, 그래야만 주위에서 다들 편하게 대해주었다. 그런 현실은 내가 학생이던 시절이나 사회인이 된 지금이나 거의 달라지지 않았다. 심지어 1960년대 미국 사회의 상황과 비교해봤을 때도 별반 나아진 것이 없다니, 한편으로 절망스러운 생각마저 든다. 그네들의 삶이 오늘을 사는 우리의 삶과 비교해서 별반 다를 게 없다는 깨달음은 고통스런 좌절을 던져주지만, 그동안 가려지고 숨겨졌던 여성 과학자들에게 주어지는 최근의 사회적 관심과 주목은 어쩌면 아직은 남아 있을지 모르는 희망의 불씨를 보는 것 같은 느낌이다.

2017년에 출판된 호프 자런의 『랩걸』은 사회의 불공정한 편견과 고난을 헤쳐 나가, 결국 큰 나무 같은 과학자로 성장한 한 여성 과학자의 삶과 열정의 기록이다. 또한 곧 나올 새 책, 데이바 소벨의 『유리우주The Glass Universe』도 19세기 말, 하버드 천문대 여성들의 눈부신 활약상을 다루고 있다. 사진술로 인해 천문학의 관행이 바뀌면서, 여성들의 임무는 '계산'에서 '(유리건판에 포착된) 밤하늘의 별 연구'로 바뀌었다. 하버드 천문대가 수십 년 동안 축적한 50만 개의 사진건판에 포착된 '유리우주'는, 여성 군단의 비범한 발견을 가능케 하여 전 세계의 찬사를 받았다.

　이 책 『로켓 걸스』에 여성 이야기만 나오는 것은 아니다. 이 책은 바버라 폴슨, 실비아 밀러, 수전 핀리(NASA의 최장기 근속 여성으로, JPL에서 58년 넘게 근무하고 있다. 2021년으로 예정된 탐사선 임무까지 함께할 예정이다) 등을 비롯하여 수많은 전현직 JPL 임직원들과의 인터뷰와 실제 행성 탐사에 사용된 임무보고서, 서신, 사진, 일기 등과 같은 역사적인 자료를 기반으로 작성되어서, 우주 탐사에 대한 한 편의 거대한 서사시를 보는 느낌마저 든다. 내가 박사논문 주제로 선택한 지구의 밴앨런대(지구방사선대)를 최초로 발견한 물리학자 밴 앨런의 일화나, 칼 세이건이 보이저호의 그랜드 투어를 계획하며 주인공 컴퓨터들과 나누는 이야기 등 친숙하고 반가운 장면들이 곳곳에 많이 등장한다. 우주 탐사나 태양계 탐사에 관심이 있는 사람이라면 누구나 쉽고 재미있게 읽을 수 있는 에피소드들이 많이 있다. 시대가 바뀌면서 어쩔 수 없이 IBM의 기계 컴퓨터가 서서히 인간 컴퓨터를 대체해가는 부분도, 4차 산업혁명 시대를 운운하며 미래에 사라질 직업들을 점치고 있는 오늘날 우리의 현실과 오버랩되는 부분이 있다.

이 책을 읽고 얻을 수 있는 중요한 교훈 중 하나는 과학자에게 실패를 허락할 수 있을 만큼 즐겁고 자발적인 분위기를 만들어주는 일이 매우 중요하다는 사실이다. 초창기에 JPL을 설립했던 사람들도 괴짜에 자살특공대라고 불렸던 사람들이었고, 그들의 실험은 실로 황당하고 무모했다. 진지한 과학자라면 절대 시도하지 않을 일들을 시도했던 무모한 사람들에 의해서 로켓은 결국 지구의 대기권을 탈출하여 우주로 날아갈 수 있게 되었다. 우리나라도 한국형 발사체를 개발하기 위한 엔진 연소 실험을 한창 진행 중이다. 2020년에는 달 궤도선을 발사하고 2025년에는 달 착륙선까지 한국형 발사체로 발사하기 위한 준비를 하고 있지만, 로켓 기술은 초창기 JPL이 겪었던 것처럼 절대 녹록치 않은 기술이고, 국가 간에 기술 이전도 해주지 않는 일급 보안 기술이다. 거듭된 실패에도 불구하고 지속적인 기회가 주어졌기에 태양권을 벗어나는 보이저 1, 2호의 실로 대단한 우주 여정의 실현이 가능했고, 현재의 NASA와 JPL이 존재하게 된 것이다. 우리나라의 우주 기술은 아직 미국과 러시아에 비하면 수십 년 뒤처져 있는 형국이지만, 그렇다고 해서 손 놓고 누가 떠먹여주기만 기다리고 있을 수는 없는 일이다. 우리도 이제는 달도 가고, 화성도 가고, 명왕성도 가고, 태양권계면 바깥의 미지의 세계에 발을 내디뎌볼 어느 근사한 날을 상상하며 차근차근 단계를 밟아가며 준비를 해야 할 때이다. 오늘의 실패를 디딤돌 삼아 힘차게 도약할 환상적인 그 날을 기다리며 말이다.

자기 앞길만 높은 벽으로 막혀 있다고 생각하는

빌어먹을 낙오자처럼 살지 말거라.

네가 하고 싶은 일이면 뭐든 할 수 있단다.

—J. D. 밴스

『힐빌리의 노래 Hillbilly Elegy』, 흐름출판

단 한 명의 다정한 어른

황정아

'힐빌리'는 미국의 쇠락한 공업지대인 러스트 벨트 지역에 사는 가난한 백인 하층민 노동자를 일컫는 말로, 다른 표현 으로는 백인 쓰레기를 일컫는 '화이트 트래시', 햇볕에 그을 려 목이 빨갛다는 데서 유래된 '레드넥' 등이 있다. 러스트 벨트(Rust Belt)는 미국 중서부 지역과 북동부 지역의 애팔래 치아 산맥 인근 지역이다. 이 지역은 한때 미국 중공업과 제 조업의 중심지였다가 제조업의 사양 등으로 인해 불황을 맞 았다. 닉슨 대통령 이후 미국 정치가 재정립됐던 건 소위 그 레이트 애팔래치아(Great Appalachia) 지역이 민주당에서 공화 당으로 지지 정당을 바꿨기 때문이었다. 저조한 사회적 신분 상승, 빈곤과 이혼, 마약중독에 이르기까지 오만 가지 불행의 중심지로서, 미국의 여러 민족 집단들 가운데서도 가장 염세적이라는 설문조사 결과가 나오는 곳이기도 하다. 이 지역은 사실상 2016년 미국 대통령 선거에서 도널드 트럼프의 승리를 결정지은 지역이다.

주인공 J. D. 밴스는 1984년생으로, 2017년 기준으로 서른세 살인 힐빌리 출신의 자수성가한 청년이다. 이 성공한 젊은 청년의 회고록이 많은 사람들에게 큰 울림이 되는 것은 빈곤이라는 문제가 개인과 가정의 차원에서 다루어질 문제가 아니라 사회와 문화, 역사의 차원에서 접근해야 할 문제라는 공감을 주기 때문이다. 『힐빌리의 노래』는 미국 사회에서 트럼프 대통령의 당선에 지대한 역할을 한 백인 하층민 계급과 현재 대한민국 빈곤층의 심리까지 가늠하는 데 도움이 된다. 선거에서 왜 가난한 사람들이 보편적 복지를 전면에 내세운 진보진영이 아닌, 보수진영에 표를 던지는가 하는 질문에 대한 답도 생각해 볼 수 있다.

2016년 말, 2017년 초의 대한민국은 거대한 촛불 물결에 뒤덮여 있었다. 촛불 집회 한 켠에는 어김없이 보수 성향의 태극기 집회 사람들이 나타났다. 이렇게 물과 기름 같이 이질적인 신념을 갖고 있는 사람들이 이 작은 땅덩어리에 공존하고 있다는 사실이 놀라운 한편 절망스러웠다. 한국의 힐빌리라고 할 수 있는 저들에게 진정 필요한 것은 무엇일까?

사실 이 책을 읽는 내내 어쩔 수 없이 가난했던 나의 유년 시절이 겹쳐졌다. 내가 태어난 곳은 지방 소도시인 전라남도 여수였다. 아버지는 이름 모를 외국으로 돈을 벌러 다녀야 하는 외항선원이셔서, 몇 년에 한번 집에 들러 어머니께 몇 푼 안 되는 생활비를 쥐어주고 사라지는 일이 반복되던 빈곤한 삶이었다. 어머니는 태어난 지 얼마 되지 않은 갓난아이였던 나를 데리고 부산의 청학동에 자리를 잡으셨다. 나는 그곳에서 초등학교 입학 전까지의 유년 시절을 보냈다. 혼자서 생계를 책임져야 했던 어머니는 닥치는 대로 남의 집 일을 하거나 행상 일을 하셔야 했다. 자갈치 시장에서 좌판을 깔고 생선을 팔거나, 나무로 만든 무거운 상(밥상, 찻상 등)을 머리에 이고 집집마다 돌아다니며 팔기도 하고, 여름에는 하드(막대기에 얼린 아이스크림) 장사를 하셨다. 그 와중에 남동생이 태어나, 우리

두 남매는 엄마 없는 대부분의 낮 시간 동안 주인집 식구들의 눈치를 보면서 우리끼리 시간을 보냈다. 주인집 아이들은 성인이 된 지금 생각해보아도 정말 우리 남매에게 못되게 굴었었다. 그 시절의 나는, 어머니가 입버릇처럼 말씀하셨듯, 나를 청학동 영도다리 밑에서 주워왔다는 사실을 믿어 의심치 않았었다. 그렇지 않고서야 어머니가 나를 이렇게 험하게(?) 대할 리가 없다고 생각했기 때문이었다. 아마도 팍팍하기만 한 살림에 어머니께서도 다정한 말 한마디가 쉽지는 않으셨으리라 짐작해볼 뿐이다.

나의 아버지는 여수에서도 배를 타고 2시간 남짓 들어가면 나오는 작은 섬인 안도에서 태어나고 자라서, 초등학교만 간신히 나오셨다. 전북 장수군의 어느 산골 동네에서 태어나신 어머니도 고등학교만 겨우 마치신 형편이었다. 지금 생각에 어여쁘고 똑똑했던 젊은 시절의 어머니는 거친 바다 사나이를 만나서 평생을 고생만 하시고 사셨던 거다. 왜 그랬는지 묻고 싶어도 이미 오래전에 돌아가셔서 답을 들을 수 없다. 어쨌든 생활고에 지치신 어머니는 내가 초등학교 입학할 무렵, 나는 친가에, 동생은 외가에 보내야만 하는 형편에 이르렀다. 몇 안 되는 우리

식구는 그렇게 뿔뿔이 흩어져 살아야 했다. 나의 초등학교 졸업 무렵에야 외항선원 일을 그만두신 아버지와 함께 온 식구가 모두 모여 드디어 한집에 살게 되었지만, 배를 타는 일 외에 기술도 전혀 없고, 내놓을 만한 학력도 아니었던 탓에 아버지가 생계를 책임지기 위해서 할 수 있는 일은 막노동밖에 없었다. 그 일이 연속적이거나 안정적인 일이 아니었던 탓에 우리 가족은 또다시 어머니의 행상과 일수(본전에 이자를 합하여 일정한 액수를 정해두고 날마다 거두어들이는 일, 사채의 일종)에 의존해야만 했다. 일이 잘 안 풀리신 아버지는 걸핏하면 술에 취해 집에 오기 일쑤였고, 그럴 때마다 잡히는 대로 물건들을 던져 부수고 어머니에게 손찌검을 하는 일도 빈번했다. 어머니는 그 폭력이 어린 우리들에게까지 미치지 않도록 본인이 할 수 있는 최선을 다해서 온몸으로 우리를 보호하였었다. 밴스는 아버지 후보가 수시로 바뀌는 불안정한 가족사와 알코올 중독인 어머니 때문에, 무슨 일을 해도 이루어지지 않을 것 같은 학습된 무기력에 대해서 이야기했었다. 그에게는 최소한의 탈출구이자 정신적인 버팀목이 되어준, 부모 역할을 제대로 대신해준 할보, 할모가 근거리에 살고 있었다.

어린 시절에 겪은 가정폭력은 불안정한 감정의 트라우마가 되어, 내 인생을 늘 염세적으로 만들었다. 살면서 한 단계 장애물을 넘어섰다는 생각이 들 때마다 더 큰 어려움이 곧 닥쳐올 것만 같은 불안감이 항상 뇌 한구석에 자리하고 있었고 늘 최악의 상황에 대비해야만 할 것 같았다. 왜냐하면, 나는 도움을 구할 사람이 아무도 없었으니까. 미리 최악의 상황에 대비해두어야 한다는 절박한 생각이 어린 시절의 나를 목표지향적으로 만들었다. 주인공 밴스의 표현을 빌리자면, 나를 포함한 빈곤층 아이들 대부분은 '회복탄력성'이 매우 낮다. 거절당하는 일에 무뎌지기가 힘이 들고, 어떤 일이든 한번 좌절하면 다시 일어서기가 힘에 부친다. 안정적인 가정에서 다정한 가족들의 지지를 받고 성장한 아이들은 소소한 작은 실패에 크게 연연하지 않고 담대해지기 쉽다. 최근 한국 사회에서 유행하는 금수저, 흙수저론을 인용하자면, 나는 애초에 남들보다 한참 뒤에 있는 불공평한 출발선에 서 있었던 지독한 흙수저였던 셈이다. 초중고등학교 시절을 지나면서 내가 간절히 원했던 한 가지는 제발 출발선이라도 공정하길, 나에게 '기회의 평등함'이라도 주어지길. 그 한 가지였다.

기회의 평등함은 다른 말로는 교육의 혜택이다. 주인공 밴스가 힐빌리 특유의 학습된 무기력에서 탈출할 수 있었던 것도 바로 교육 덕택이었다. 절망적이고 비참한 전형적인 힐빌리 가정에서 태어난 주인공 밴스에게는 정말 다행스럽게도 교육의 힘을 믿는 할보, 할모가 계셨다. 가난한 집 아이가 남의 도움 없이 혼자 힘으로 성공의 사다리를 타고 신분 상승을 할 수 있는 유일한 탈출구는, 동서양을 막론하고 역시 교육밖에 없다는 이야기다. 가족들 중 유일하게 대학에 진학하고, 이후 예일대 로스쿨에 진학하면서 밴스는 완전히 힐빌리 가족들과 그 문화권에서 탈출한다. 한마디로 새로운 세상으로의 도약이다.

책의 중요한 한 축을 담당하고 있는 부분은 힐빌리들의 복지여왕에 대한 조롱과 비웃음이다.

한때 민주당의 견고한 지지층이었던 애팔래치아 산맥과 남부 지역 사람들이 어째서 한 세대가 지나기도 전에 충실한 공화당 지지자가 되었는지 설명하려고 많은 정치학자가 무던히 애를 썼다. (…) 사회보수주의가 해당 지역의 복음주의 개신교인들을 장악했기 때문이라며 종교적 신념을 지적하기도 했다. 그러나 주를 이루는 견해는 수많은 백인 노동자가 내가 딜먼에서 본 것과 똑같은 광경을 목격하고 분노했기 때문이라는 것이다. (…) 복지 제도에 기대 놀고먹는 사람들이 "정부에서 돈을 받으며 사회를 비웃는다! 우리같이 열심히 일하는 사람들은 매일 일터에 나간다는 이유로 조롱받고 있다!"라는 인식이 백인 노동 계층 사이에 팽배해지면서 공화당의 대선 후보 리처드 닉슨을 지지하기 시작했다. ─234~235쪽

노동자를 위한 정당이라는 민주당의 정책에 사실상 실망하고 돌아서는 백인 노동자 계층에서도 노동자와 비노동자 사이에는 분명한 선을 그으려고 하는 부분이 있었다. 일하지 않으면서 그저 복지 제도를 악용하면서 살아가는 사람들에 대한 분노와 제대로 된 지원 시스템의 부재에 대한 분노가 힐빌리들의 정치적인 성향을 돌아서게 만든 것이다. 나 역시 자라면서 복지 제도를 악용하는 주변의 친척들과 이웃들을 숱하게 봐온 터였다. 그리고 눈먼 돈(?)을 따먹지 못하는 사람들이 오히려 어리숙한 사람 취급당하는 모양을 가난한 사람들 사이에서 왕왕 목격

하기도 했었다.

하지만 가난한 아이들이 무엇 때문에 학교생활을 엉망으로 하는지, 그 원인을 찾는 회의 내내 공공 기관의 책임만 언급하는 부분은 쉬이 이해되지 않았다. 내가 다녔던 고등학교의 선생님이 최근에 내게 이렇게 말했다. "사람들은 우리가 방황하는 아이들의 목자가 돼주길 바라지. 그런 애들 대부분이 늑대에게 길러진다는 현실을 툭 까놓고 얘기하는 사람은 아무도 없다는 게 문제야." (…) 기억나는 것이라고는 내가 아주 형편없는 고등학생이었다는 사실뿐이다. 기회를 가로막는 진정한 장애물은 내가 다녔던 표준 이하의 공립학교가 아니라 거듭되는 이사와 싸움이었다. 새로운 사람들을 만나고 사랑하고 잊어버리길 끝없이 반복해야 한다는 현실이었다. —211쪽

공공교육 차원에서의 지원도 좋지만, 대부분의 빈곤한 아이들을 구원해줄 수 있는 가장 효과적인 방법은 무엇보다 먼저 안정적인 가정환경 혹은 그와 견줄 만한 든든한 지지가 전제되는 것이다. 불안정한 가정환경 속에서도 손

내밀어주는 할보, 할모와 같은 다정한 어른들의 지지를 받으며 자랄 수 있다면 '회복탄력성이 높은' 아이들로 성장할 수 있다.

주인공 밴스처럼 나도 꼭 거북처럼, 일상생활에서 껄끄러운 일을 맞닥트리면 일단 움츠리고 피하려는 경향이 있다. 어떤 종류의 문제든, 일단 문제가 발생하면 나는 어떻게 대처할지 전혀 알 수 없어서 일단 자리를 피해 도망치려고 한다. 누군가와 싸워야 한다고 생각하면, 절대로 물려받지 않고 싶었던 종류의 스트레스, 슬픔, 두려움, 불안이 나를 잠식해 들어오는 게 느껴진다. 빈곤한 집에서 태어난 애들 대부분이 그렇듯이 나는 제대로 싸우는 방법을 내 성장 과정에서 한번도 배우지 못했던 것이다. 심리학적으로는 이런 경우를 '아동기의 부정적 경험(ACEs: Adverse Childhood Experiences)'이 미치는 영향으로 해석한다. 대한민국에서 흙수저로 태어나 지금껏 장애물 경주하듯 살아온 나 같은 사람이 이 책에 공감하는 것은 물론이고, 힐빌리와 전혀 다른 세상에서 성장했을 법한 사회 지도층 인사들도 수없이 이 책을 추천했다. 아마도 오늘날 우리는 이제 주변의 소외된 이웃들의 목소리에 귀 기울일 준비가 조금은 되었는지도 모른다. 헬조선이라는 대한민국의 오늘을 살아내야만 하는 수많은 한국의 힐빌리들에게 단 한 명의 할모 혹은 할보만 있어도 충분하다. 그들에게 작은 비상 탈출구 하나만이라도 제발 열어주자.